FRP 加固木结构技术

淳 庆 许清风 著

U0302858

科学出版社

北 京

内 容 简 介

传统的木结构建筑加固修缮方法(如加钉法、螺栓加固法、加铁箍法、拉杆法、附加梁板法、附加断面法等)容易使木结构建筑改变风貌,而且操作稍有不慎会导致构件新的破坏。FRP 材料具有轻质、比强度高、耐腐蚀、易裁剪、便于施工、节省人工等优点,用 FRP 加固修复木结构不仅可以提高承载力、刚度和延性,同时对木结构建筑的外观影响较小,是木结构建筑加固领域未来重要的发展方向之一。本书较为全面地介绍了 FRP 加固木结构的技术。内容包括:外贴 CFRP 布、外贴碳-芳 HFRP 布加固木梁受弯性能和受剪性能、加固木柱轴心受压性能等的试验和理论研究;内嵌 CFRP 板(筋)材加固木梁受弯性能、加固木柱轴心受压性能的试验和理论研究;外贴 CFRP 布和外贴碳-芳 HFRP 布加固木结构、内嵌 CFRP 板(筋)材加固木结构的施工工艺与技术要点;用 FRP 技术加固修缮重要木结构建筑的案例研究。

本书内容新颖,图片丰富,研究深入,材料全面,可供从事历史建筑保护和木结构加固相关的科研、教学、设计、施工等方面的技术人员参考。

图书在版编目(CIP)数据

FRP 加固木结构技术/淳庆,许清风著. —北京:科学出版社,2020.6
ISBN 978-7-03-065366-6

Ⅰ. ①F… Ⅱ. ①淳… ②许… Ⅲ. ①纤维增强复合材料-应用-木结构-建筑物-加固-研究 Ⅳ. ①TU366.2

中国版本图书馆 CIP 数据核字(2020)第 093433 号

责任编辑:李涪汁 曾佳佳/责任校对:杨聪敏
责任印制:张 伟/封面设计:许 瑞

科 学 出 版 社 出版
北京东黄城根北街 16 号
邮政编码:100717
http://www.sciencep.com

北京凌奇印刷有限责任公司 印刷
科学出版社发行 各地新华书店经销

*

2020 年 6 月第 一 版 开本:720×1000 1/16
2021 年 3 月第二次印刷 印张:15 1/4
字数:305 000

定价:129.00 元
(如有印装质量问题,我社负责调换)

前　言

　　木结构是我国和东亚其他国家历史建筑中最重要的结构形式。至今我国仍留存大量的宫殿、庙宇、民居等木结构历史建筑，其本身蕴含了丰富的历史文化内涵，是中华文明的重要组成部分。此外，我国每年都会新增大量的仿古木结构建筑。因木材自身材性缺陷和环境因素的影响，木结构建筑需要进行定期维护和修复。传统的木结构加固方法主要有加钉法、加铁箍法、附加梁板法、附加断面法等。这些传统加固方法容易使木结构历史建筑改变风貌，而且操作稍有不慎将导致构件新的破坏。近些年来，纤维增强聚合物(fiber reinforced polymer/plastic，FRP)由于具有高比强度和良好的耐腐蚀性，在木结构加固维修领域得到了越来越广泛的研究和应用，但主要是采用外贴CFRP(carbon fiber reinforced polymer/plastic)布对木梁、木柱和节点进行加固修复，而对内嵌(near-surface mounted)CFRP板(筋)材加固木结构法的研究不多。内嵌CFRP板(筋)材加固法具有一些特别的优势，既适用于油漆的木构件，又适用于不做油漆的木构件，并且可以较大地提高木构件的承载力。此外，CFRP布虽然有很高的抗拉强度，但是其材料延性较差，不利于充分发挥其强度优势。而芳纶纤维增强聚合物(AFRP)虽然抗拉强度小于CFRP，但却具有较好的延性。因此，将CFRP和AFRP按照一定的比例进行混杂，可以制备出性能更优的碳-芳 HFRP 布，从而可以提升对木结构的加固效果，丰富了 FRP 材料加固木结构的理论体系。

　　本书由以下内容构成：第1章为绪论，主要讲述传统木结构的加固方法，并对目前FRP材料加固木结构的研究现状进行梳理总结。第2章主要介绍外贴CFRP布加固木结构受力性能的相关研究，包括CFRP布加固木梁受弯性能、加固木梁受剪性能、加固木柱轴心受压性能等的试验、理论及有限元方法研究。第3章主要介绍外贴碳-芳 HFRP 布加固木结构受力性能的相关研究，包括碳-芳 HFRP 布加固木梁受弯性能、加固木梁受剪性能、加固木柱轴心受压性能的试验、理论及有限元方法研究。第4章主要介绍内嵌CFRP板(筋)材加固木结构受力性能的相关研究，包括内嵌CFRP板(筋)材加固木梁受弯性能、加固短木柱轴心受压性能的试验、理论及有限元方法研究。第5章主要介绍了 FRP 材料加固木结构的施工工艺，主要包括外贴CFRP布加固木结构、外贴碳-芳 HFRP 布加固木结构、内嵌FRP板(筋)材加固木结构的施工工艺与技术要点。第6章为工程案例研究，利用本书前述研究成果，结合两个典型的工程实际案例进行论述。第7章对全书进行了总结，并对 FRP 加固木结构技术未来的研究发展进行了展望。

本书的研究内容得到国家自然科学基金(项目编号：51778122、51578127)和上海市科学技术委员会应用技术开发项目(项目编号：04-033)等科研项目的资助，在此表示衷心的感谢。由于作者水平有限，书中难免存在疏漏和不足之处，敬请读者批评指正。

淳　庆　许清风

2020 年 1 月

目　　录

第1章 绪 论

1.1 传统木结构及其加固方法

1.1.1 传统木结构的现状

中华民族悠久的历史为人们留下了许多宝贵的财产，传统木结构建筑则为其中之一。数千年来，我国的传统木结构建筑见证了这个东方文明古国的历史进程、朝代更替和荣辱兴衰。从帝王将相的宫殿、坛庙、府第、官署，到老百姓的民居、祠堂、佛寺、道观等，木结构建筑无处不在。我国传统木结构建筑本身蕴含了丰富的历史文化内涵，是中华文明的重要组成部分。当前，在我国现存的文物建筑中，木结构建筑占大多数。据统计，在1961年公布的第一批全国重点文物保护单位中，古建筑有77处，而木结构建筑占36处；在1982年公布的第二批全国重点文物保护单位中，古建筑有28处，而木结构建筑占22处；在1988年公布的第三批全国重点文物保护单位中，古建筑有111处，而木结构建筑占63处；在1996年公布的第四批全国重点文物保护单位中，古建筑有110处，而木结构建筑占94处；在2001年公布的第五批全国重点文物保护单位中，古建筑有248处，而木结构建筑占196处；在2006年公布的第六批全国重点文物保护单位中，古建筑有513处，而木结构建筑占412处；在2013年公布的第七批全国重点文物保护单位中，古建筑有795处，而木结构建筑占500处。在2019年公布的第八批全国重点文物保护单位中，古建筑有280处，而木结构建筑占209处。全部国家级文物保护单位的古建筑是2162处，而木结构建筑有1532处，占70.9%。此外，我国37处世界文化遗产(截至2019年7月)中，与木结构建筑关系紧密的有17处，如明清皇宫、武当山古建筑群、苏州古典园林、皖南古村落等；与木结构建筑有间接关系的有7处，如敦煌莫高窟、福建土楼等；而4处文化与自然遗产包括泰山、黄山、武夷山、峨眉山-乐山大佛都有木结构建筑作为文化特征，也就是说在我国的世界文化遗产中，约70%都与木结构建筑密切相关。总之，木结构建筑在我国古建筑中占据着最重要的地位。我国现存最早的木结构建筑是位于山西省五台县城西南22km的南禅寺大殿(图1.1)，重建于唐建中三年(公元782年)；现存最早的木塔是位于山西省朔州市应县城西北佛宫寺内的应县木塔(图1.2)，建于辽清宁二年(宋至和三年，公元1056年)；现存最早的楼阁式木结构建筑是位于天津蓟州区的独乐寺内的观音阁(图1.3)，重建于辽圣宗统和二年(公元984年)；我国长江以南地区现存最早的木结构建筑是位于福州市的华林寺大殿(图 1.4)，建于北宋乾德二年(公元 964 年)。

图 1.1　南禅寺大殿

图 1.2　应县木塔

图 1.3　独乐寺观音阁

图 1.4　福州华林寺大殿

对于这些传统木结构建筑的研究，应该遵循历史性、艺术性和科学性三大原则，而长期以来人们对传统木结构建筑的研究多从其历史性和艺术性入手，就其科学性方面的研究则相对匮乏。传统木结构建筑作为我国历史文化的瑰宝，由于长期的风雨侵蚀、人为作用、自然灾害等的破坏，其材料和结构性能出现了不可避免的减弱和损伤——木结构架的变形、梁柱的腐朽开裂、榫卯节点的拔榫等，导致大量传统木结构建筑已出现险情，对其维修保护的要求日益迫切。例如，在2008 年汶川地震中，传统木结构建筑损毁较严重，其中包括世界文化遗产——都江堰二王庙(图 1.5)、青城山道教古建筑群，以及全国重点文物保护单位——李白故居、杜甫草堂(图 1.6)等。此外，世界文化遗产——苏州留园曲溪楼在修缮前出现整体向西倾斜和木结构架歪闪(图 1.7)，严重危及建筑和游客的安全，为此留园管理方在二楼临时增设了剪刀撑等加固措施。全国重点文物保护单位——宁波保国寺大殿目前有多根拼合柱外散(图 1.8)和四根内柱北倾等的残损,也已严重危及建筑和游客的安全,为此已有千年历史的保国寺大殿将很快迎来大修。全国重点文物保护单位——马鞍山采石矶太白楼在修缮前出现严重的榫卯拔榫和构件变形等问题,严重危及建筑和游客的安全,业主方在对该建筑修缮前采取增加套箍和斜撑的方式进行了临时性加固(图 1.9)。但是,这些临时性的加固方法都只是"治

图 1.5 都江堰秦堰楼震害

图 1.6 杜甫草堂木结构震害

图 1.7 苏州留园曲溪楼倾斜

图 1.8 宁波保国寺大殿拼合柱外散

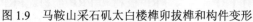

图 1.9 马鞍山采石矶太白楼榫卯拔榫和构件变形

标不治本"的办法。因此，迫切需要开展适用于传统木结构建筑保护的"治标又治本"且"最小干预"的保护技术研究。

1.1.2　传统木结构的加固方法

由于这些传统木结构建筑的特殊性和重要性，其加固修缮的要求非常严格，在对这些木结构建筑的结构安全性能予以增强的同时必须遵守不改变其文物原状的保护原则——"修旧如故"原则。传统的木结构建筑加固修缮方法主要有加钉法、螺栓加固法、加铁箍法、拉杆法、附加梁板法、附加断面法等。这些传统加固修缮方法容易使木结构建筑改变风貌，降低其文物价值，而且操作稍有不慎会导致构件新的破坏。

近年来，随着科学技术的不断发展，新型材料的诞生带来了加固行业新的革命。FRP(fiber reinforced polymer/plastic)材料的出现，带动了整个加固行业的迅猛发展。同时 FRP 材料加固修复建筑结构的研究也得到了不断的推进。在木结构建筑加固和修缮方面，FRP 材料较传统加固材料更有着无可比拟的优越性。FRP 材料具有轻质、比强度高、耐腐蚀、易裁剪、施工简便、节省人工等优点。用 FRP 材料加固修复木结构不仅可以提高承载力、刚度和延性，同时对木结构建筑的外观影响较小。

目前 FRP 材料加固木结构建筑的方式主要是在木结构建筑表层粘贴纤维片材，其方法较传统的加固修缮方式无论是在施工简易程度上还是在加固效果上都有了明显的改进。但是由于这种加固方式为外贴式加固，如果木结构构件为清水面，则这种外贴 FRP 加固方法会改变历史建筑的外观风貌，因此，这种加固方法只适用于油漆混水面的木结构构件加固。

为解决清水面木结构构件的加固问题，本书研究了一种新型加固木结构构件的方式——内嵌 CFRP(near-surface mounted carbon fiber reinforced polymer/plastic)加固技术。内嵌 CFRP 加固技术是在木结构构件表面剔槽(木材较混凝土等材料而言更易于开槽)，同时可剔除部分原有的腐朽部位，然后用结构胶将CFRP 板条或 CFRP 筋条嵌入槽中，使木结构构件和高强纤维材料共同工作，从而起到加固效果，最后在槽口表面用木屑、环氧树脂抹平。该内嵌 CFRP 板(筋)材加固方法同外贴 CFRP 加固方法一样，可以提高木结构构件的承载力和刚度等，但内嵌 CFRP 板(筋)材加固法对木结构构件的外观几乎没有什么影响，不仅适用于清水面的木结构构件的加固，同时 FRP 材料的内置，使得 FRP 材料得到较好的保护，抗冲击性能、耐久性等也得以提高。

FRP 材料主要有 FRP 布材、FRP 板材和 FRP 筋材。FRP 材料的拉伸强度较高，且压缩强度也高，其应力-应变曲线呈现线弹性，不出现任何塑性特征。FRP

布通常由 FRP 丝束编织而成，主要有单向布、平纹布和斜纹布等。FRP 板材通常采用挤压成型，将 FRP 原丝通过设备拉伸，同时浸润专用树脂，并在一定温度和压力下固化成型，形成具有一定树脂含量的 FRP 板。FRP 板材一般为细条卷装包装，见图 1.10。而 FRP 筋材则是由若干股连续纤维束按特定的工艺经配套树脂浸渍固化而成，主要生产工艺包括编织型、绞线型和拉挤型，见图 1.11，其主要力学性能与板材类似。

图 1.10　CFRP 板材　　　　　　　　图 1.11　CFRP 筋材

1.2　FRP 加固木结构的研究现状

1.2.1　国内研究现状

受天然木材自身材性缺陷和环境因素的影响，木结构建筑需要进行定期维护和修复。而采用 FRP 对木结构进行加固和维修的研究始于近些年，相继有同济大学、西安交通大学、西安建筑科技大学、东南大学、上海市建筑科学研究院、南京工业大学和华侨大学等的学者对此开展研究。国内学者在研究 FRP 加固木梁性能方面，主要研究了外贴 CFRP 布材加固木梁的受弯性能，对外贴 CFRP 布材加固后的木梁在承载力、刚度和延性等方面进行了研究。

Xu 等[1]进行了 CFRP 加固受拉区带有明显木节木梁受弯承载力的试验研究。粘贴 CFRP 加固带木节试件的受弯承载力显著提高，提高幅度达 53%～109%，明显大于 CFRP 加固没有明显木节试件的提高幅度。研究表明增加 CFRP 布层数、设置 U 形箍以及对 CFRP 布施加预应力均能起到提高受弯承载力的加固效果。加固试件的截面变形基本符合平截面假定，但木节可能导致木梁两侧中性轴高度的差异，使试件受到扭矩的不利影响。同时也有学者研究了粘贴不同层数的 CFRP 布加固后木梁的力学性能，祝金标等[2]进行了粘贴不同层数的 CFRP 布加固受损木梁的试验研究，研究表明加固试件截面变形基本符合平截面假定；粘贴

CFRP 布不仅可有效提高受损木梁的受弯承载力和刚度，还可改善其延性；粘贴 1 层、2 层和 4 层 CFRP 布(ρ=1.09%、2.18%和 4.36%)加固受损木梁的受弯承载力分别可提高 12%、23%和 65%。其他一些学者的研究均表明采用粘贴 CFRP 布加固木梁，其承载力、刚度和延性均有了一定程度的提高，并在试验研究的基础上得出了 CFRP 布加固木梁的理论计算模型。此外，国内也有一些学者对内嵌 CFRP 材料加固木梁进行了一些研究，但是其研究成果十分有限。许清风和朱雷[3] 进行了内嵌 CFRP 筋维修加固旧木梁的试验研究，研究结果表明内嵌 CFRP 筋加固老化旧木梁不仅能明显提高其受弯承载力，使其破坏模式由脆性受拉破坏转变为延性受压破坏，且被加固木梁的跨中截面变形仍符合平截面假定。该试验说明了内嵌 CFRP 筋维修加固老化损伤旧木梁是行之有效的方法，可用于古木结构的维修加固工程实践。

在研究 CFRP 材料加固木柱方面，国内学者的研究还是集中在外贴 CFRP 布材加固圆形木柱(包括短柱和长柱)，主要研究了不同加固方式下粘贴 CFRP 布材后圆形木柱的轴心受压承载力和延性的提升情况，并提出了相应的计算模型。

1. 短柱(长细比较小，不易出现失稳破坏)

马建勋等[4]进行了 CFRP 布加固圆形木柱(秦岭油松，ϕ150mm×450mm)的试验研究，研究表明粘贴 CFRP 布能有效约束圆木柱的横向变形，显著提高木柱的延性；用 CFRP 布加固后圆形木柱轴压承载力提高 18%~33%。姚江峰等[5]进行了复合纤维加固圆木柱(东北落叶松，ϕ100mm×300mm)的试验研究，加固后圆木柱的极限承载力可提高 14.3%~45.7%，并提出了承载能力提高幅度的简化计算公式。周钟宏和刘伟庆[6]进行了 CFRP 布加固(横向和纵向)圆木柱(杉木，ϕ100mm×500mm)的试验研究，加固后木柱的承载力和延性有显著提高，提高幅度与 CFRP 的规格、层数及方向有关；并根据试验结果提出了 CFRP 布约束圆木柱抗压强度的计算模型，通过系数 γ 来反映纵、横向 CFRP 布对木柱抗压强度的影响。

2. 长柱(长细比较大，易出现失稳破坏)

张大照[7]进行了 CFRP 布加固圆形木柱(ϕ200mm×1000mm 和 ϕ200mm×2000mm)的试验研究，粘贴 CFRP 布后承载力提高 10%~20%，均出现了不同程度的失稳破坏。张天宇[8]进行了 CFRP 布加固旧圆木柱(ϕ114~140mm×970mm)的试验研究，加固后旧圆木柱的极限承载力可提高 10%~20%，其初始刚度和延性也得到改善；在考虑 CFRP 布对构件全截面惯性矩贡献(可降低木柱长细比 λ)的基础上，提出了 FRP 加固木结构构件轴压的计算公式。

纵观国内的这些研究成果，可以看出外贴 CFRP 布加固木柱的研究已有许多，但是内嵌 CFRP 材料加固木柱的研究还尚未开始。

综上，国内对于内嵌 CFRP 板（筋）材加固木结构构件的研究尚处于起步阶段。无论对于木梁还是木柱基本都是采用外贴 FRP 布材进行加固，对于内嵌 FRP 材料加固木结构构件的受力性能研究很少。

1.2.2　国外研究现状

国外学者对外贴 FRP 材料加固木结构构件和内嵌 FRP 材料加固木结构构件均有一些研究，主要研究了 FRP 材料加固木结构构件的破坏模式、承载力和刚度提升情况，并提出了相应的分析模型。但由于国外的木材不同于国内传统建筑中的木材，因此，国外的研究成果并不能直接应用于我国传统木结构建筑的 FRP 加固技术中。国外学者关于 FRP 加固木结构构件的研究主要如下：

1. GFRP（玻璃纤维增强聚合物）嵌入加固木梁技术

加拿大 Gentile 等[9]在 2002 年对采用 GFRP 筋内嵌加固方法的 22 根锯木梁（配筋率分别为 0.27%和 0.82%）进行了短期试验加载。研究结果显示加固后的木梁破坏模式由原来的脆性拉伸破坏变成了受压失效，加固后的木梁能够有效地克服木材的天然缺陷对强度的影响，受弯承载力提高 18%～46%。根据试验结果，建立了分析模型来预测未加固木梁和采用 GFRP 加固木梁的受弯能力。马来西亚 Yusof 和 Saleh[10]也采用 GFRP 对木梁进行了受弯加固，选用 7 根大小为 100mm×200mm×3000mm 的黄柳桉木材作为试验木材。其中有 1 根不进行任何处理，作为对比，其他 6 根梁采用 GFRP 筋加固。木梁采用三种不同配筋率，分别为小于 0.32%、0.32%～0.35%、大于 0.35%。与未加固的木梁相比，采用 GFRP 加固的木梁极限承载力提高了 20%～30%，刚度提高了 24%～60%。加载后的破坏模式主要取决于木材的强度，其中 GFRP 筋材均未出现损坏。加拿大 Svecova 和 Eden[11]对 GFRP 加固后的木梁的受弯和受剪性能进行了研究，试验测试了 50 根木梁，主要记录了加固木梁加载后的破坏模式、力学性能和变形等特征，试验表明加固木梁的受剪和受弯极限承载力有所提高，同时在木梁加载破坏后，没有发现 GFRP 筋与木材的剥离，木梁的破坏从脆性的受拉破坏变为延性的受压破坏。

国外的这些研究表明采用 GFRP 嵌入加固后木梁的刚度和承载力均有一定程度的提高，同时木梁的破坏模式较未加固木梁均发生一定的变化——从受拉破坏变为受压失效。

2. CFRP 材料嵌入加固木梁技术

意大利 Micelli 等[12]研究了用 CFRP 筋修复破旧胶合木梁节点的性能。通过试验研究，他们认为采用 CFRP 筋加固木梁不仅施工迅速快捷，而且对受弯承载力和刚度提高效果很明显。和之前 Gentile 采用的锯木梁得出的结果相同，尽管他们采用的是不同的 FRP 材料。意大利 Borri 等[13]研究了使用 CFRP 对老旧木梁的加固性能，试验结果表明，粘贴三层 CFRP 布加固效果最佳，而埋设 CFRP 筋加固效果不是很好，而且还必须嵌入木梁内，对木梁产生一定影响。通过对比试验研究发现，对 CFRP 筋施加预应力对其加固效果没有明显影响。

综上所述，国外学者虽然已有较多关于外贴 FRP 加固木结构构件和内嵌 FRP 加固木结构构件的研究成果，但由于木材种类不同于国内常用的木材，因此研究成果并不能适用于我国传统木结构建筑的 FRP 加固中。而国内学者近些年来才开始进行 FRP 加固木结构构件受力性能的研究，相关研究成果较少且未成系统。

1.3　本书的主要研究内容

本书是基于作者近些年来从事外贴 FRP 加固木结构构件和内嵌 FRP 加固木结构构件受力性能的相关研究成果整理而成。通过对不同材料、不同加固形式的 FRP 加固木结构构件受力性能的研究，基于试验研究、理论分析与工程实例研究，系统地提出了 FRP 加固木结构的技术，为从事木结构加固修缮相关的教学、科研、设计、施工等方面的技术人员提供参考。

全书内容包括 7 个章节。

第 1 章主要介绍传统木结构的加固方法，并对目前 FRP 材料加固木结构的研究现状进行总结。

第 2 章主要介绍外贴 CFRP 布加固木梁受弯性能和受剪性能、加固木柱轴心受压性能等的试验、理论及有限元方法研究。

第 3 章主要介绍外贴碳-芳 HFRP 布加固木梁受弯性能和受剪性能、加固木柱轴心受压性能的试验、理论及有限元方法研究。

第 4 章主要介绍内嵌 CFRP 板(筋)材加固木梁受弯性能、加固木柱轴心受压性能的试验、理论及有限元方法研究。

第 5 章主要介绍外贴 CFRP 布加固木结构、外贴碳-芳 HFRP 布加固木结构、内嵌 CFRP 板(筋)材加固木结构的施工流程与技术要点。

第 6 章主要介绍 FRP 加固修缮木结构建筑的两个重要工程案例。

第 7 章对 FRP 加固木结构技术未来的研究发展进行了展望。

参 考 文 献

[1]　Xu Q F, Zhu L, Li X M, et al. Flexural behavior of wood beams with knots strengthened with

CFRP [C]. Proceedings of FRPRCS-8, Patras, 2007: 243-248.

[2] 祝金标, 王柏生, 王建波. 碳纤维布加固破损木梁的试验研究[J]. 工业建筑, 2005, 35(10): 86-89.

[3] 许清风, 朱雷. 内嵌CFRP筋维修加固老化损伤旧木梁的试验研究[J]. 土木工程学报, 2009, 42(3): 46-50.

[4] 马建勋, 胡平, 蒋湘闽, 等. 碳纤维布加固木柱轴心抗压性能试验研究[J]. 工业建筑, 2005, 35(8): 40-44, 55.

[5] 姚江峰, 赵宝成, 史丽远, 等.复合纤维对圆形木柱抗压承载能力的加固试验研究[J]. 苏州科技学院学报, 2006, 19(4): 1-4.

[6] 周钟宏, 刘伟庆. 碳纤维布加固木柱的轴心受压试验研究[J]. 工程抗震和加固改造, 2006, 28(3): 44-48.

[7] 张大照. CFRP布加固修复木柱木梁性能研究工作[D]. 上海: 同济大学, 2003.

[8] 张天宇. CFRP布包裹加固旧木柱轴压性能试验研究[J]. 福建建筑, 2005, 15(10): 86-89.

[9] Gentile C, Svecova D, Rizkalla F. Timber beams strengthened with GFRP bars: Development and applications [J]. Journal of Composites for Construction, 2002, 15(9):17-27.

[10] Yusof A, Saleh A L. Flexural strengthening of timber beams using glass fibre reinforced polymer [J]. Electronic Journal of Structural Engineering, 2010, 26(7):52-61.

[11] Svecova D, Eden R J. Flexural and shear strengthening of timber beams using glass fibre reinforced polymer bars — an experimental investigation[J]. Journal of Composites for Construction, 2004, 7(8):26-35.

[12] Micelli F, Scialpi V, Tegola A. Flexural reinforcement of glulam timber beams and joints with carbon fiber-reinforced polymer rods [J]. Journal of Composites for Construction, 2005, 4(9): 46-55.

[13] Borri A, Corradi M, Grazini A. A method for flexural reinforcement of old wood beams with CFRP materials[J]. Composite Part B: Engineering, 2005, 36:143-153.

第 2 章 外贴 CFRP 布加固木结构受力性能研究

2.1 引　言

在 FRP 加固木结构受力性能的研究中，外贴 CFRP 布加固木结构受力性能的研究最多。CFRP 加固木梁抗弯性能主要是通过在木梁受拉面粘贴 CFRP 布以达到提高木梁受弯承载力、刚度和延性的效果。CFRP 加固木梁受剪性能主要是通过在木梁端部环形或 U 形粘贴 CFRP 布以达到提高木梁受剪承载力的效果。CFRP 加固木柱受压性能主要是通过在木柱外部环形粘贴 CFRP 布以达到提高木柱受压承载力、刚度和延性的效果。CFRP 加固木结构的类型按加固材料状态可分为普通加固和预应力加固；按截面形状可分为矩形截面和圆形截面。

Plevris 和 Triantafillou[1]、Gangarao 等[2]、Johns 和 Lacroix[3]、马建勋等[4]和 Borri 等[5]均进行了粘贴 FRP 布加固普通矩形锯材木梁的试验研究。结果表明，加固木梁截面变形基本符合平截面假定；FRP 布能有效约束裂缝开展、限制木材缺陷和防止木材局部破坏，使加固木梁的受弯承载力、刚度和延性均有明显提高。但由于 FRP 布用量（0.08%～4.03%）、FRP 种类（CFRP、GFRP）、树种、木材种类（锯材、胶合木）、试件尺寸、加载位置和锚固长度的不同，加固木梁受弯承载力和刚度的提高程度有较大差异，其中受弯承载力提高幅度为 9%～100%，刚度提高幅度为 22.5%～29.2%。张大照[6]进行了 CFRP 加固圆形木梁的试验研究，结果表明，用 CFRP 布加固圆形木梁后其受弯承载力提高了 40%～50%，同时刚度和延性也得到提高。van de Kuilen[7]通过试验研究发现，在受拉面或受压面粘贴等量的 GFRP 布对木梁刚度的提高效果无明显差异。Gilfillan 等[8]通过在受拉面和受压面分别粘贴 FRP 布加固木梁的对比试验，证明了在受拉面粘贴 FRP 布的加固效果好。Triantafillou 等[9]认为通过对 FRP 片材施加预应力可减少 FRP 用量，但 Borri 等[5]认为对 FRP 片材施加预应力的效果并不明显。

Lopez-Anido 等[10]进行了 GFRP 布加固跨中面积损失达 60%的受损木桩的试验研究，结果表明使用高性能水泥砂浆和 GFRP 布加固受损木桩后，其受弯承载力较未受损对比试件仍可提高 46.2%。祝金标等[11]进行了 CFRP 布加固受损木梁的试验研究，所有受损试件均是在木梁受拉面中间位置开 40mm 宽、25mm 高的缺口，并用强力黏结剂在缺口填补相同材质木块。结果表明，加固试件截面变形基本符合平截面假定；粘贴 CFRP 布不仅可有效提高受损木梁的受弯承载力和刚度，还可改善其延性；粘贴一层、二层和四层 CFRP 布（ρ=1.09%、2.18%和4.36%）加固受损木梁的受弯承载力分别可提高 12%、23%和65%。Dagher 等[12]、Brunner 和 Schnueriger[13]分别进行了 FRP 布加固简支胶合木梁的试验研究。结果表明，所有加固试件的破坏均由受拉面木材的脆性断裂引起；FRP 布加固胶合木梁后受弯承载力提高 22%～51%，刚度提高 25%～37%；对 FRP 布施加预应力可提高加固效果。Lopez-Andio 和 Xu[14]进行了 GFRP 布加固两跨连续胶合木梁的试验研究。结果表明，在上下面粘贴两层±45°向 GFRP 布加固胶合木梁的极限承载力没有明显提高；而粘贴两层水平向 GFRP 布（ρ=2.1%）加固胶合木梁不仅使受弯承载力提高了 47%，刚度和延性也得到改善。

对 FRP 加固木梁进行理论分析通常考虑以下假定：① 截面变形符合平截面假定；② FRP 为线弹性材料，其本构关系为一直线；③ 木材本构关系采用由 Bazan 提出并经 Buchanan 改进的模型，其受拉段为线弹性关系，受压段为折线关系，如图 2.1 所示；④ FRP 与木梁之间变形协调，无相对滑移。Plevris 和 Triantafillou[1]、Blass 和 Romani[15]分别推导了 FRP 加固普通木梁和胶合木梁受弯承载力的计算公式，并与试验数据符合较好；Davalos 等[16]还对 FRP 加固木梁进行了有限元模拟分析。

Triantafillou[17]进行了粘贴不同厚度（0.167mm、0.334mm）和方向（0°、90°）的 CFRP 布加固木梁受剪承载力的试验研究，为保证试件发生剪切破坏，剪跨内试件宽度由 65mm 减至 25mm，如图 2.2 所示。结果表明，所有试件均在剪跨内发生剪切破坏，粘贴 CFRP 布后木梁受剪承载力提高 4.8%～42.8%，提高幅度与理论分析结果符合较好。

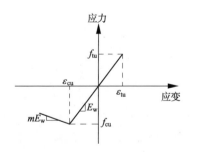

图 2.1　木材应力-应变关系

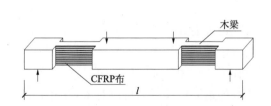

图 2.2　CFRP 布加固木梁受剪承载力试件

Hay 等[18]进行了 GFRP（竖向和斜向）加固木梁受剪承载力的试验研究。结果表明，GFRP 斜向粘贴木梁的受剪承载力提高了 34.1%，而 GFRP 竖向粘贴木梁的受剪承载力仅提高 16.4%，斜向粘贴比竖向粘贴的加固效果更好。Carradi 等[19]研究了 GFRP 加固既有木楼面的受剪承载力，粘贴 GFRP 后木楼面的受剪承载力得到明显提高。Svecova 和 Eden[20]研究了在木梁剪跨区内或全长范围内设置 GFRP 剪切销(dowel)对提高木梁承载力的效果,并提出了设置的建议。Triantafillou[21] 在考虑 FRP 对木梁受剪截面宽度 b、全截面惯性矩 I 和面积矩 S 的贡献基础上, 提出了 FRP 加固木梁受剪承载力的计算公式。

已有 FRP 加固木柱的研究主要集中于用水平向 FRP 布包裹圆形木柱的试验研究。姚江峰等[22]进行了 FRP 加固圆木柱(东北落叶松、ϕ100mm×300mm)的试验研究,加固后圆木柱的极限承载力可提高 14.3%~45.7%。张天宇[23]进行了 CFRP 布加固旧圆木柱(ϕ114~140mm×970mm)的试验研究,加固后旧圆木柱的极限承载力可提高 10%~20%,其初始刚度和延性也得到提升;在考虑 CFRP 对构件全截面惯性矩 I 的贡献可降低木柱长细比 λ 的基础上,提出了 FRP 加固轴压木构件的计算公式。Zhang[24]进行了粘贴 FRP 布维修开裂木柱的试验研究,分析了木柱尺寸、裂缝大小和 FRP 种类对维修效果的不同影响,并进行了有限元模拟分析;采用粘贴 FRP 维修木柱后,其受压承载力大约提高 20%。许清风和朱雷[25]、许清风[26,27]分别进行了粘贴 FRP 布维修加固局部受损方木柱和圆木柱的试验研究,结果表明,局部受损木柱的极限承载力较未受损对比试件有明显降低;局部受损处用完好顺纹木块替换并用水平向 CFRP 布包裹后,其受压承载力和延性性能可恢复;采用粘贴 CFRP 布维修加固木柱的方法施工性较好。

目前学界和工程界对于外贴 CFRP 布加固木结构受力性能的研究还缺少系统性,本章对外贴 CFRP 布加固木梁和木柱的受力性能进行了系统的研究。

2.2 外贴 CFRP 布加固木梁受弯性能的研究

2.2.1 概况

木梁经过长时间使用后,容易出现开裂和老化等累积损伤;另外,使用功能改变也可能导致其使用荷载增加。这些均将导致木梁的受弯承载力不能满足安全要求,需进行加固。木材普遍存在木节、髓心、裂缝等缺陷,国家标准《木结构设计标准》(GB 50005—2017)[28]为控制木材受力性能的离散性,分别根据各类木构件的重要性和受力特点对木材缺陷进行了材质等级限制,木材的随机缺陷也显著降低了木梁的受弯性能。基于此,进行外贴 CFRP 布加固木梁受弯性能的试验研究和理论分析。

2.2.2 试件设计

本书共进行了 6 根(B1~B6)木梁粘贴 CFRP 布加固的对比试验研究,试件尺寸为 100 mm×200 mm×4000 mm。其中 B1 为未加固对比试件；B2 加载至 B1 极限荷载一半时持荷在梁底粘贴一层 CFRP 布，待结构胶固化后继续进行试验；B3 在梁底粘贴一层 CFRP 布；B4 在梁底粘贴两层 CFRP 布；B5 在梁底粘贴一层 CFRP 布，并在加载点处粘贴 150mm 宽的 U 形箍加强 CFRP 布的锚固；B6 粘贴一层预应力 CFRP 布，施加预应力通过反向单点跨中加载至 B1 极限荷载一半时持荷在梁顶粘贴一层 CFRP 布，等结构胶固化后再反转试件进行试验。试件加固方案如图 2.3 所示。

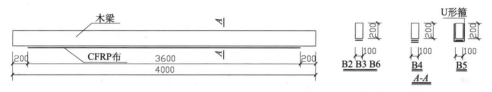

图 2.3　试件加固方案示意图(单位：mm)

通过试验，研究粘贴 CFRP 布加固木梁的效果，分析 CFRP 布层数、木梁受力历史、设置 U 形箍和 CFRP 布施加预应力对加固效果的影响，并提出相应的建议。

1. 试验材料

本次试验选用同批次花旗松木材。根据国家相关标准[29-33]规定，材性试验测得其顺纹抗拉强度为 58.0 MPa，顺纹抗压强度为 33.2 MPa，弹性模量为 6270 MPa，密度为 416 kg/m³，含水率为 13.6%。选用 FF-CR120 型 CFRP 布(200g/m²)，名义厚度为 0.111mm，实测抗拉强度标准值为 4400MPa，受拉弹性模量为 250GPa，伸长率为 1.82%。选用 DL-JGN 型双组分 CFRP 专用黏结胶，抗压强度大于 70MPa，钢-钢抗拉强度大于 30MPa，钢-钢抗剪强度大于 18MPa，伸长率为 1.5%。

2. 应变片布置

为了解 CFRP 布加固木梁受力过程中的变形情况，在试件跨中侧面、受拉面、受压面等多个位置布置应变片，测点布置如图 2.4 所示。

3. 加载装置和加载制度

试件采用三分点加载，荷载通过分配梁传递，试验加载装置如图 2.5 所示。为防止试件出现平面破坏，在试件跨中位置布置侧向支撑；为消除系统误差，正式试验前先对试件进行预加载。正式加载采用匀速单调加载，加载共分 10～15

级，每级持荷 3～5min。

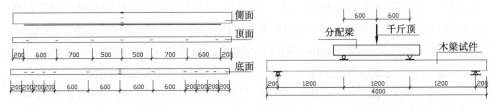

图 2.4　应变片粘贴位置图（单位：mm）　　　图 2.5　试验加载装置（单位：mm）

2.2.3　试验结果及分析

1. 试验现象

对比试件 B1 首先在跨中木节边缘出现裂缝，随着荷载增加，裂缝由木节局部向梁纵深发展并伴有木材撕裂声，裂缝宽度加大，最后 B1 发生由木节局部裂缝开始的木纤维撕裂破坏。B2 首先在跨中木节位置发出响声，但由于木节边缘裂缝受到 CFRP 布约束，因而受拉面未见可见裂缝；直至荷载增加至 19.1kN 时才在跨中木节边缘附近出现裂缝；伴随巨大响声 B2 发生断裂，跨中木节处 CFRP 布边缘剥离，但大部分 CFRP 布未拉断。B3 也首先在跨中木节附近出现裂缝，当荷载增至 26.4kN 时，伴随巨大的响声试件在跨中木节处断裂，CFRP 布拉断[图 2.6(a)]。B4 首先在跨中出现裂缝，在 31.5kN 持荷过程中 B4 发出巨大响声，裂缝继续发展，荷载降至 29.0kN；继续加载至 31.4kN 时，伴随巨大响声，试件在跨中断裂破坏，跨中两层 CFRP 布之间发生局部剥离和断裂。B5 首先在跨中出现裂缝并伴有木材撕裂声，在加载过程中在侧面中部出现两条水平撕裂裂缝，该两条裂缝均被限制在两条 U 形箍范围以内，U 形箍及其以外区域未见明显破坏；伴随巨大声响试件在跨中木节处断裂，CFRP 布在跨中被拉断[图 2.6(b)]。B6 首先在受压边缘木节附近出现裂缝，然后在跨中受拉边缘出现裂缝，在 34.5kN 持荷过程中 B6 在跨中木节处断裂并伴有巨大断裂声，跨中少部分 CFRP 布拉断。

总体来说，对比试件 B1 发生由跨中木节边缘裂缝引起的断裂破坏，而加固试件 B2～B6 跨中木节由于受到 CFRP 布的有效约束，其裂缝开展受到限制，局部破坏延迟，因而加固试件的开裂荷载大幅提高。当荷载增加到一定程度，木节局部破坏超过了 CFRP 布的约束能力，木节破坏引起的局部复杂应力和断裂木纤维引起的木刺使 CFRP 布提前破坏，表现为 CFRP 布的剥离或拉断，应变数据显示破坏时 CFRP 布的拉应变远未达到其极限拉应变。

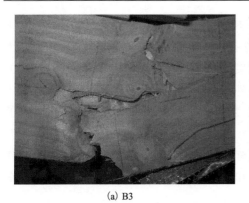
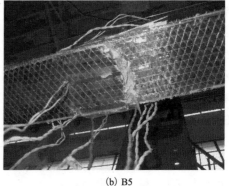

(a) B3　　　　　　　　　　　　　　　　　　　(b) B5

图 2.6　典型试件破坏形态

2. 主要试验结果

主要试验结果汇总见表 2.1 所示。

表 2.1　主要试验结果汇总表

试件	开裂荷载/kN	极限荷载/kN	破坏形态
B1	6.5	17.2	跨中木节边缘裂缝引起断裂破坏
B2	19.1	36.0	CFRP 布边缘剥离、大部分未拉断
B3	22.1	26.4	跨中木节附近 CFRP 布拉断
B4	24.0	31.5	跨中两层 CFRP 布之间发生剥离、部分 CFRP 布断裂
B5	21.0	28.8	跨中木节附近 CFRP 布拉断、边缘剥离
B6	22.5	34.5	跨中木节附近断裂、少部分 CFRP 布拉断

1)荷载-位移曲线

试件的荷载-位移曲线如图 2.7 所示。

由表 2.1 和图 2.7 可知，加固试件的开裂荷载明显高于对比试件，主要是由于 CFRP 布对木节边缘裂缝的有效约束延缓了裂缝的开展。由于 CFRP 布限制了木节边缘裂缝的开展以及木材缺陷处的提前破坏，加固试件的受弯承载力显著提高，提高幅度达 53.5%～109.3%，略大于 CFRP 布加固木节不明显木梁的提高幅度。其中粘贴一层 CFRP 布的试件 B3 受弯承载力的提高幅度提高了 53%，而粘贴两层 CFRP 布的试件 B4 提高了 83%，说明加固木梁受弯承载力随着 CFRP 布层数的增加而增加，但增加幅度趋缓；与 B3 相比，粘贴一层 CFRP 布且布置 U 形箍的试件 B5 提高了 67%，说明设置 U 形箍可加强对木节缺陷的约束、增强 CFRP 的锚固性能，其受弯承载力还会得到一定提高；与 B3 相比，粘贴一层预应力 CFRP

布的 B6 提高 101%，说明施加预应力对加固效果有提高作用；与 B3 相比，在木梁持荷 8.6kN 时粘贴一层 CFRP 布的 B2 提高 109%，说明仰贴可保证木梁的加固效果。由于木节分布的随机性，试验结果包含木节随机分布的影响。由试验梁的刚度(荷载-位移曲线的斜率)对比可知，外贴 CFRP 布加固试件的刚度均明显大于对比梁；设置 U 形箍的 B5 刚度大于未设置 U 形箍的 B3，粘贴两层 CFRP 布的 B4 刚度明显大于 B3，而粘贴一层预应力 CFRP 布的 B6 刚度甚至大于 B5，说明 CFRP 布层数增加和设置 U 形箍对刚度有提高作用，对 CFRP 布施加预应力的作用更为明显。由试验现象和试验结果可知，加固试件在破坏前仍未见明显的非线性特性，其延性未见明显改善。

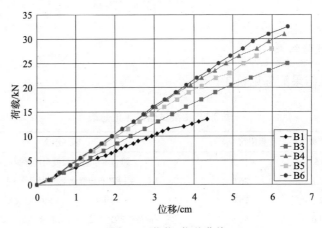

图 2.7　荷载-位移曲线

2)跨中应变分析

各试件跨中截面受拉边缘和受压边缘的应变变化见图 2.8。由图 2.8 可知，各试件受拉边缘和受压边缘的应变差异较大，其中 B5 由于有 U 形箍的有效约束，其受拉边缘和受压边缘的应变均最大。B5 跨中受拉边缘 CFRP 布的最大应变为 1.0%，仍未达到 CFRP 布的断裂伸长率(1.82%)，说明当木节局部破坏超过 CFRP 布约束能力后，木节局部破坏引起的局部复杂应力和断裂木纤维引起的木刺使 CFRP 布提前破坏。

3)沿截面高度应变分析

由跨中截面不同高度处布置的应变片读数可知，对比试件和加固试件的截面变形均基本符合平截面假定，与其他研究结论相同。B1 和 B3 沿跨中截面高度方向应变变化分别如图 2.9、图 2.10 所示。木节对试件受力性能有明显不利影响，导致试件两侧中性轴的位置存在明显差异，试件受到扭矩作用，降低了木梁的受弯承载力。B6 沿跨中截面高度方向两侧的应变变化如图 2.11、图 2.12 所示，中性轴高度存在明显差异。

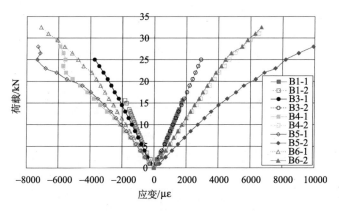

图 2.8　试件跨中应变变化曲线

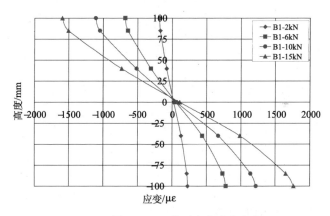

图 2.9　B1 截面高度应变变化

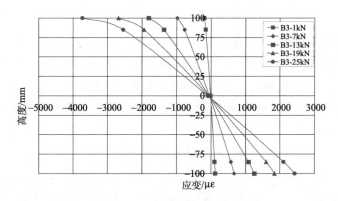

图 2.10　B3 截面高度应变变化

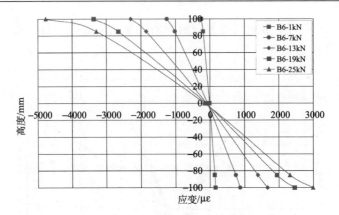

图 2.11　B6 南侧截面高度应变变化

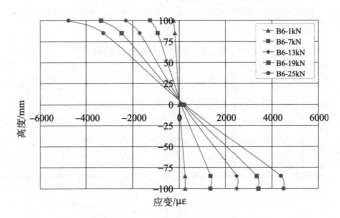

图 2.12　B6 北侧截面高度应变变化

2.2.4　加固木梁受弯承载力计算分析

1. 木构件材料强度计算方法

木构件材料强度不能直接采用材性测试的清材小试件强度，主要是因为清材小试件无缺陷、尺寸小、试验时荷载为瞬时作用，而构件则有缺陷(天然缺陷和干燥缺陷，如木节、裂缝等，且缺陷大小和位置都是随机的)、尺寸大并承受长期荷载作用。因此，将清材小试件强度转化为构件材料强度时应乘以折减系数 K_Q，其计算公式如下：

$$K_Q = K_{Q1} \cdot K_{Q2} \cdot K_{Q3} \cdot K_{Q4} \tag{2.1}$$

其中，K_{Q1}、K_{Q2}、K_{Q3}、K_{Q4} 分别为天然缺陷影响系数、干燥缺陷影响系数、长期荷载影响系数和尺寸影响系数。按照《木结构设计手册》[34]的建议，抗压强度和抗拉强度各折减系数建议取值如表 2.2 所示。根据项目组试验和已有试验结果的分析可知，粘贴 CFRP 布的结构胶会渗入木材裂缝和木节边缘，从而明显提高木构件材料强度，因此粘贴 CFRP 布加固木梁时其天然缺陷影响系数 K_{Q1} 可取为 0.85，如表 2.2 所示。

表 2.2　木构件材料强度折减系数取值

受力分类	压	拉	拉 (受拉面满布 CFRP 布时)
K_{Q1}	0.80	0.66	0.85
K_{Q2}	—	0.90	0.90
K_{Q3}	0.72	0.72	0.72
K_{Q4}	—	0.75	0.75

按照上述方法进行计算，对比木梁的木材抗拉强度为 f_{tu}=18.6MPa，粘贴 CFRP 布加固木梁的木材抗拉强度为 f_{tu}'=24.0MPa；各木梁的木材抗压强度相同，均为 f_{cu}=19.1MPa。

2. 加固木梁受弯承载力理论分析

1) 基本假定

①木梁截面变形符合平截面假定；②试验荷载达到抗弯极限承载力前，CFRP 布与木梁以及 CFRP 布与布之间黏结可靠、应变协调、无相对滑移，同时忽略 CFRP 布与胶层厚度；③木材顺纹应力-应变关系采用如图 2.13 所示的 Bechtel 和 Norris 模型[35]，顺纹受拉为线弹性直至断裂，顺纹受压为理想弹塑性，木材受压区极限压应变约为受压区屈服应变的 3.3 倍，且受弯时截面的受拉和受压弹性模量相等；④CFRP 布的应力-应变关系为线弹性，且不承受压应力。

2) 粘贴 CFRP 布抗弯加固木梁的破坏模式

受弯构件按破坏形态可分为弯曲受拉破坏和弯曲受压破坏，为便于后续受弯承载力的计算，本书根据极限状态时木梁截面的应变分析，将粘贴 CFRP 布抗弯加固木梁的破坏模式分为以下三种：

(1) 破坏模式① 当木梁受拉区边缘应变达到木材极限拉应变 ε_{tu} 时，CFRP 布处于弹性状态且受压边缘木材应变小于木材屈服压应变 ε_{cy}，整个截面将由于受拉面木纤维拉断而破坏。该破坏类型属木梁弯曲受拉破坏，破坏前截面处于弹性状态。

(2) 破坏模式② 当木梁受拉区边缘应变达到木材极限拉应变 ε_{tu} 时，受压区边缘木材应变大于木材屈服压应变 ε_{cy} 但小于木材极限压应变 ε_{cu}，并且 CFRP 布处于弹性状态，整个截面将由于受拉面木纤维拉断而引起破坏。该破坏类型仍然属于木梁弯曲受拉破坏，但破坏前截面已处于塑性阶段。

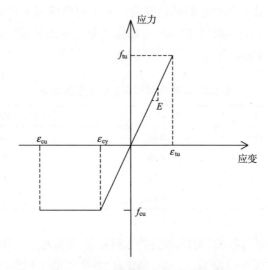

图 2.13　木材顺纹应力-应变曲线

（3）破坏模式③　当木梁受压区边缘应变达到木材极限压应变 ε_{cu} 时，受拉区边缘应变小于木材极限拉应变 ε_{tu} 且 CFRP 布处于弹性状态，此时发生木纤维受压失稳而导致木梁失去承载能力。该破坏类型属木梁弯曲受压破坏。

CFRP 布极限拉应变显著大于木材极限拉应变，因而不会发生由于 CFRP 布受拉断裂而导致木梁破坏的破坏模式。试验中发生的 CFRP 布断裂主要是木纤维拉断或木节周边凸起木纤维将 CFRP 布剪断导致的，属破坏模式②。

3）对比木梁受弯承载力计算

由于对比木梁的顺纹抗拉强度 f_{tu} 小于顺纹抗压强度 f_{cu}，因此对比木梁发生破坏模式①，其计算简图如图 2.14 所示。

此时木梁截面处于弹性状态，由于拉、压弹性模量相同，因此截面抗弯承载力 $M_u = \frac{1}{6}bh^2 f_{tu} = 12.4\text{kN}\cdot\text{m}$，其中 b、h 分别为木梁的截面宽度和高度。本次试验为三分点加载，可得其竖向承载力 $P_u = \frac{6M}{L} = 20.6\text{kN}\cdot\text{m}$，其中 L 为木梁的计算跨度。

4）粘贴 CFRP 布加固木梁的受弯承载力计算

由于加固木梁的顺纹抗拉强度 f'_{tu} 大于顺纹抗压强度 f_{cu}，因而不会发生破坏模式①，需通过受压区高度来确定试件发生的破坏模式类型。首先给出临界受压区高度计算公式：

$$x_b = \frac{\varepsilon_{cu}}{\varepsilon_{cu} + \varepsilon'_{tu}} h \qquad (2.2)$$

计算可得本次试验中木梁临界受压区高度 x_b=134.2mm，当计算求得的木梁受压区高度小于 x_b 时，木梁将发生破坏模式②；反之则发生破坏模式③。假定加固木梁发生破坏模式②，其受弯承载力计算简图如图 2.15 所示。图中 x 为木材受压区高度，x_0 为受压屈服高度，F_f 为 CFRP 布提供的拉力。由轴向力平衡条件可得

$$f_{cu}bx_0 + \frac{1}{2}f_{cu}b(x - x_0) = \frac{1}{2}f'_{tu}b(h - x) + F_f \qquad (2.3)$$

再由几何条件可得

$$\frac{x - x_0}{h - x} = \frac{f_{cu}}{f'_{tu}} \qquad (2.4)$$

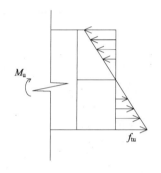

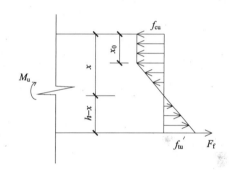

图 2.14　破坏模式①承载力计算简图　　　图 2.15　破坏模式②承载力计算简图

对于试件 B3、B4 和 B5 而言，CFRP 布的拉应变为木材极限拉应变 $\varepsilon'_{tu} = \dfrac{f'_{tu}}{E}$，$E$ 为木材弹性模量。因此 CFRP 布拉力为 $F_f = n \cdot b \cdot t \cdot E_f \cdot \varepsilon'_{tu}$，其中 n 为 CFRP 布层数，t 为 CFRP 布厚度，E_f 为 CFRP 布弹性模量。

对于试件 B2 而言，CFRP 布的拉应变为木材极限拉应变 ε'_{tu} 减去粘贴 CFRP 布时梁底木材拉应变 ε'_0。由于粘贴 CFRP 布时竖向荷载为对比木梁极限荷载的一半，因此 $\varepsilon'_0 = \dfrac{f_{tu}}{2E}$，CFRP 布拉力则为 $F_f = n \cdot b \cdot t \cdot E_f \cdot (\varepsilon'_{tu} - \varepsilon'_0)$。

对于试件 B6 而言，CFRP 布的拉应变为木材极限拉应变 ε'_{tu} 加上粘贴 CFRP 布时梁顶木材压应变 $\varepsilon_0 = \dfrac{f_{tu}}{2E}$。CFRP 布拉力为 $F_f = n \cdot b \cdot t \cdot E_f \cdot (\varepsilon'_{tu} + \varepsilon_0)$。

确定了 CFRP 布的拉力后，由式(2.3)和式(2.4)联立求解木材受压区高度及受压屈服高度，并进而由式(2.5)求得各加固试件的受弯承载力。

$$M_{\mathrm{u}} = f_{\mathrm{cu}}bx_0\left(h - \frac{x_0}{2}\right) + \frac{1}{2}f_{\mathrm{cu}}b(x - x_0)\left(h - x_0 - \frac{x - x_0}{3}\right) - \frac{1}{6}f'_{\mathrm{tu}}b(h - x)^2 \quad (2.5)$$

各加固试件计算结果如表 2.3 所示，由于试件 B5 的 U 形箍对抗弯承载力无明显贡献，因此其模型视为与试件 B3 相同。受压区高度 x 的计算结果，均小于临界受压区高度 x_{b}，因此假定的破坏模式②成立。

表 2.3　各加固试件受弯承载力计算结果

试件编号	受压区高度 x/mm	受压屈服高度 x_0/mm	极限弯矩 M_{u}/(kN·m)	极限荷载 P_{u}/kN
B2	105.8	42.0	18.5	30.9
B3/B5	106.8	43.8	19.0	31.6
B4	110.0	49.0	20.2	33.7
B6	107.9	45.5	19.4	32.3

5) 计算结果与试验结果的对比分析

将对比试件与加固试件的受弯承载力计算结果与试验结果对比，如表 2.4 所示，其中 B3/B5 的极限承载力试验值为两者的平均值。

表 2.4　受弯承载力计算结果与试验结果对比表

试件编号	试验值/kN	理论计算值/kN	偏差/%	试验破坏模式	计算破坏模式
B1	17.2	20.6	19.8	①	①
B2	36.0	30.9	−14.2	②	②
B3/B5	27.6	31.6	14.5	②	②
B4	31.5	33.7	7.0	②	②
B6	34.5	32.3	−6.4	②	②

由表 2.4 可知，各试件受弯承载力的计算偏差为−14.2%～19.8%，计算所得的破坏模式与实际破坏模式相同。考虑到木材本身的离散性，计算精度可满足工程精度要求。由于木节、裂缝、髓心、腐朽和虫蛀等缺陷分布对木梁受弯承载力影响较大，因而木构件材料强度折减系数（如 K_{Q1}、K_{Q2} 等）应根据大量统计数据进一步细分以提高计算精度。

2.2.5　数值模拟

1. 木材的正交各向异性假定

木材组织中的木纤维为管束状细胞单向分布，因此，木材在纵向、弦向、径向所表现的物理性质各不相同。Price 首次把正交对称原理应用于木材以说明木材的各向异性[36]，如图 2.16 所示。截取一个立方体试样，三个对称轴 L、T、R 分别为木材的纵向、弦向和径向，三轴近似垂直，在直角坐标系下研究木材的力学性能，可以把木材当成正交各向异性体[37]。数值分析时木材基本假定如下：木材为各向异性材料，其纵向、横纹径向、弦向成正交异性。

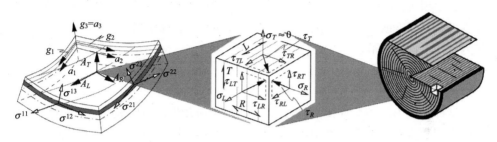

图 2.16　木材正交各向异性示意图[37]

2. 有限元模型的建立

木材采用 Solid45 单元进行模拟，Solid45 具有塑性、蠕变、膨胀、应力强化、大变形、大应变和处理各向异性材料等功能，能较好地模拟木材的正交各向异性与弹塑性。CFRP 布用 Shell181 单元模拟，不添加界面单元，即不考虑木梁与 CFRP 布的黏结滑移。试算表明，单元尺寸在 20～50mm 时具有较好的精度和较高的计算效率，因此在网格划分时木梁高度与宽度及 CFRP 布宽度方向单元尺寸统一划分为 20mm，在木梁及 CFRP 布长度方向则将单元尺寸划分为 50mm。模型加载既可采用力加载也可采用位移加载模式。

在有限元模型中，木材采用考虑材料弹性参数的广义 Hill 屈服准则，同时将屈服后各向弹性模量设为屈服前的 1/1000。木材是正交各向异性材料，有 L、R、T 三个方向的弹性模量、泊松比、剪切弹性模量共 9 个独立的弹性常数。实测木材顺纹弹性模量 E_L=6270MPa，木材横纹弹性模量 E_R、E_T 根据 E_R/E_L=0.10、E_T/E_L=0.05 得到；而各向剪切模量也可根据 G_{LT}/E_L=0.06、G_{LR}/E_L=0.075、G_{RT}/E_L=0.018 确定[34]。另外，由复合材料力学理论可知，正交各向异性材料的弹性常数应该满足麦克斯韦定理，即 $\mu_{ij}/E_j = \mu_{ji}/E_i$，由此可得各向泊松比[38]。

此外，木材破坏准则的选取是整个有限元分析的关键。首先，由于木材采用广义 Hill 屈服准则，当任一单元屈服后随着荷载的增加，变形将持续增大直至计算自动停止；其次，根据木材顺纹应力-应变曲线可知木材达到受拉强度时立即破坏，而这一破坏准则已被纳入美国森林和纸业协会的设计标准[39]。因此，有限元分析同时采用以上两种破坏准则，即认为满足其一木材就失效，试件到达破坏状态。

3. ANSYS 非线性计算选项控制

正式求解之前，需要设置求解控制选项，包括分析类型、非线性分析选项和荷载步选项等。材料非线性分析时采用牛顿-拉弗森方法求解，打开大变形控制选项以考虑几何非线性，同时激活线性搜索和自由度求解预测，采用残余力的范数作为判断收敛的标准。

4. 有限元计算结果

试件 B1、B3、B4 和 B5 为常规计算，单个荷载步即可完成计算。试件 B2 需要两个荷载步进行计算，其中第一荷载步在"杀死"CFRP 布单元的基础上，施加对比试件受弯承载力一半的荷载；第二荷载步将 CFRP 布单元激活，然后累加竖向荷载进行求解。由于试件 B6 中预应力沿 CFRP 布长度方向非均匀分布，不便采用降温法施加预应力，因此需要分三个荷载步进行计算：第一荷载步在"杀死"CFRP 布单元的基础上，反向于跨中施加对比试件受弯承载力一半的集中荷载；第二荷载步激活 CFRP 布单元，撤掉原跨中集中力；第三荷载步则在三分点处施加竖向荷载进行求解。需要注意的是，试件 B6 在第三荷载步获得的跨中挠度应以第二荷载步结束时跨中挠度值作为原点计算。

极限承载力有限元计算与试验结果对比如表 2.5 所示。由表 2.5 可知，有限元计算结果的误差为-13.9%~18.6%，满足工程精度要求。

表 2.5　极限承载力有限元计算与试验结果对比表

试件编号	试验值/kN	有限元计算值/kN	误差/%
B1	17.2	20.4	18.6
B2	36.0	31.0	−13.9
B3/B5	27.6	31.2	13.0
B4	31.5	33.0	4.8
B6	34.5	31.7	−8.1

典型试件荷载-跨中挠度曲线数值分析结果与试验结果的对比如图 2.17 所示。由于试验获取的荷载-位移曲线不完整(缺少临近破坏时的跨中挠度)，因此计算曲线的极限挠度略大，但总体而言仍具有较高的吻合度。

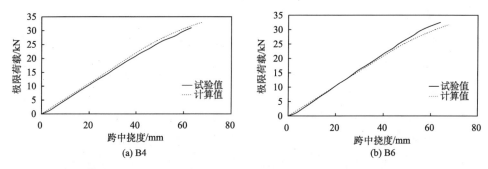

图 2.17　典型试件荷载–跨中挠度曲线数值分析结果与试验结果对比图

由表 2.5 和图 2.17 可以看出，数值模拟结果与试验结果吻合较好，表明书中建立的有限元模型、计算参数取值、荷载步设置和破坏准则选取是合理的，能够对粘贴 CFRP 布加固木梁的受弯性能进行较好的模拟，并为粘贴 CFRP 布加固木梁的设计方法提供依据。

2.3　外贴 CFRP 布加固木梁受剪性能的研究

2.3.1　概况

木梁经过长时间使用后，容易出现性能退化，由于端部截面尺寸过小，或使用功能改变可能导致其使用荷载增加，将导致木梁的受剪承载力不能满足安全要求，需进行加固。在现有研究基础上，进行了 7 根木梁弯剪区粘贴 CFRP 布加固其受剪承载力的试验研究，并提出了相关建议。

2.3.2　试件设计

本次试验用木梁规格均为 100 mm×200 mm×4000 mm，共 7 根，编号为 B41～B47。为保证木梁发生剪切破坏，将弯剪区木梁宽度由 100mm 加工为 50mm。其中 B41 为未加固对比试件；B42 在弯剪区侧面各粘贴 3 条 150mm 宽的竖向 CFRP 条带；B43 在弯剪区各包裹 3 条 150mm 宽的竖向 CFRP 条带；B44 在弯剪区侧面粘贴 45°向 CFRP 布；B45 在弯剪区包裹 45°向 CFRP 布；B46 在弯剪区包裹 1 层竖向 CFRP 布；B47 在弯剪区包裹 2 层竖向 CFRP 布。加固前对木梁弯剪区进行表面处理，首先将弯剪区刨平，然后用丙酮进行表面清洁处理，有裂缝处进行填缝处理。CFRP 布包裹时的搭接长度为 100mm。所有试件特征及尺寸如图 2.18 所示。

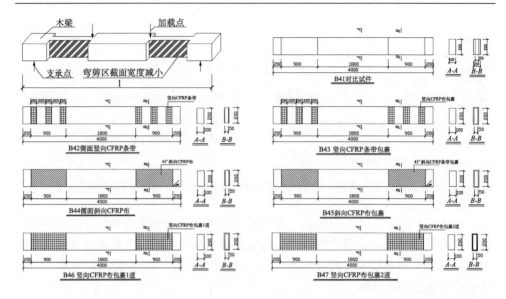

图 2.18　试件特征及尺寸(单位：mm)

1. 试验材料

本次试验选用花旗松，材性试验测得其静曲强度为 59.2 MPa，弹性模量为 6620 MPa，密度为 430 kg/m³，含水率为 15.2%。选用 CFC3-2 型 (300g/m²) CFRP 布，实测抗拉强度标准值为 3515 MPa，受拉弹性模量为 242 GPa，伸长率为 1.7%。选用 DL-JGN 型双组分 CFRP 专用黏结胶，抗压强度大于 70 MPa，钢-钢抗拉强度大于 30 MPa，钢-钢抗剪强度大于 18 MPa，伸长率为 1.5%。

2. 位移计和应变片布置

为了解受力过程中木梁变形情况，在试件跨中、加载点和支座位置布置位移计；为了解跨中截面、弯剪区 CFRP 布的变形情况，在相应位置布置应变片。位移计和应变片读数采用 DH3817 动态应变测量系统进行数据采集。试件位移计和应变片布置如图 2.19 所示。

3. 加载制度

试件采用液压千斤顶加载，荷载通过分配梁传递，试验加载装置如图 2.20 所示。为防止试件出现平面破坏，在试件端部采用 U 形钢框固定；为消除系统误差，正式试验前先对试件进行预加载。正式加载采用匀速单调加载，每个试件加载时间为 10~20 min。

图 2.19　位移计和应变片布置图(单位：mm)

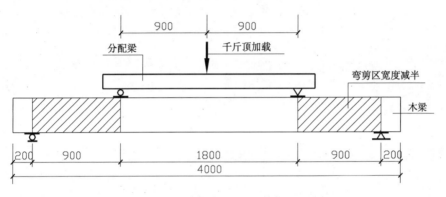

图 2.20　试验加载装置图(单位：mm)

2.3.3　试验结果与分析

1. 试验现象

对比试件 B41 在荷载增加至 15kN 时发出明显声响；当荷载增加至 19.5kN 时，试件在一侧弯剪区形成从加载点受拉边缘木节到支座受压边缘木节的斜向裂缝，试件破坏。加固试件 B42 在荷载增加至 25kN 时发出明显声响；当荷载增加至 28.2kN 时，伴随巨大声响，试件在北侧加载点(变宽度处)受拉边缘木节处断为两截破坏，破坏处 CFRP 条带分离。加固试件 B43 在荷载增加至 30kN 时发出明显声响；随着荷载增加，试件在南侧加载点下部出现斜向撕裂裂缝，并向跨中延伸；当荷载增加至 40.7kN 时，形成从南侧加载点底面到北侧加载点顶面的斜向裂缝，伴随巨大声响，试件在北侧加载点受拉边缘木节处断为两截破坏。南侧加载点处木纤维撕裂，北侧加载点附近 CFRP 条带局部皱褶、少量 CFRP 断裂。加固试件 B44 在荷载增加至 15kN 时发出明显声响；当荷载增加至 17.0kN 时，伴随巨大声响，试件在北侧弯剪区靠近加载点处断为两截破坏，局部 CFRP 布断裂。加固试件 B45 在荷载增加至 18kN 时发出明显声响；当荷载增加至 21.3kN 时，伴随巨大声响，试件在北侧加载点受拉边缘木节处断为两截破坏。加固试件 B46 在荷载增加至 18kN 时发出明显声响；当荷载增加至 19.2kN 时，伴随巨大声响，试件在北侧弯剪区靠近加载点处断裂破坏，局部 CFRP 布断裂。加固试件 B47 在荷载增加至 23kN 时发出明显声响；当荷载增加至 23.9kN 时，伴随巨大声响，试件在北侧弯剪区靠近加载点处断裂破坏，少量 CFRP 布断裂。

　　试件破坏特征如图 2.21 所示。

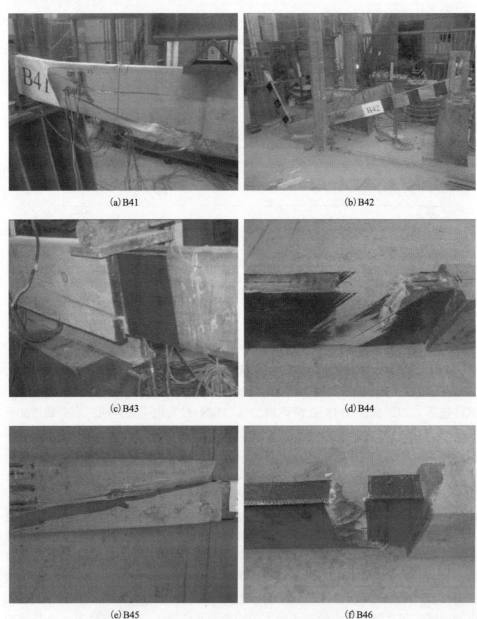

(a) B41

(b) B42

(c) B43

(d) B44

(e) B45

(f) B46

(g) B47 整体　　　　　　　　　　　　　　(h) B47 局部

图 2.21　试件破坏特征

2. 主要试验结果

主要试验结果汇总见表 2.6。

表 2.6　主要试验结果

编号	试件特征	P_u/kN	P_u提高幅度/%	Δ_u/mm	Δ_u提高幅度/%
B41	对比试件	19.5	—	36.8	—
B42	侧面粘贴 3 条竖向 CFRP 条带	28.2	44.6	54.2	47.3
B43	包裹 3 条竖向 CFRP 条带	40.7	108.7	78.5	113.3
B44	侧面粘贴 45°向 CFRP 布	17.0	−12.8	38.9	5.7
B45	包裹 45°向 CFRP 布	21.3	9.2	40.5	10.1
B46	包裹 1 层竖向 CFRP 布	19.2	−1.5	37.6	2.2
B47	包裹 2 层竖向 CFRP 布	23.9	22.6	43.8	19.0

注：表中 P_u 为极限荷载，Δ_u 为达到 P_u 时的跨中极限位移。

3. 荷载-位移曲线

试件的荷载-位移曲线对比如图 2.22 所示。

由表 2.6 及图 2.22 可知：① 对比试件和加固试件多源于弯剪区受拉边缘木节的脆性断裂破坏，与木梁自身的缺陷密切相关。② 加固木梁的承载力有所提高，平均提高 28.5%。③ 加固木梁的破坏位移也有所提高，平均提高 32.9%。

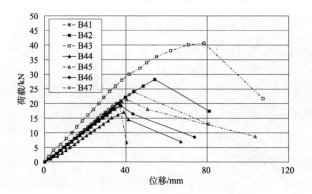

图 2.22　试件的荷载-位移曲线对比图

4. 应变分析

1) 跨中截面沿截面高度应变变化

典型加固试件跨中截面沿截面高度的应变变化如图 2.23 所示。

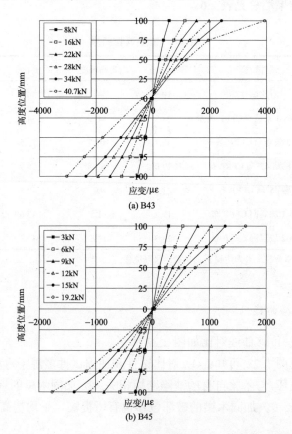

图 2.23　典型加固试件跨中截面沿截面高度的应变变化图

由图 2.23 可知，粘贴 CFRP 布受剪加固木梁的跨中截面应变随荷载增加均仍基本符合平截面假定。

2)跨中边缘应变变化

对比试件和加固试件跨中受拉边缘和受压边缘的应变对比如图 2.24 所示。其中 B41-1～B47-1 应变片位于跨中受压边缘中心，B41-7～B47-7 应变片位于跨中受拉边缘中心。

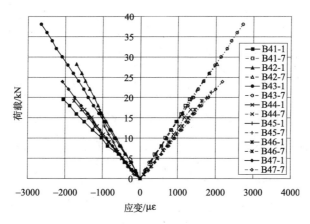

图 2.24　木梁跨中边缘应变对比图

由图 2.24 可知，在弯剪区粘贴 CFRP 布后，加固试件的初始弯曲刚度没有明显提高，相同荷载下加固木梁边缘的应变也没有减小。

3)弯剪区应变变化

根据对比试件和加固试件弯剪区侧面中心相同位置应变片所测应变，按照应变片读数计算所得弯剪区侧面中心最大主应变和最小主应变对比如图 2.25 所示。

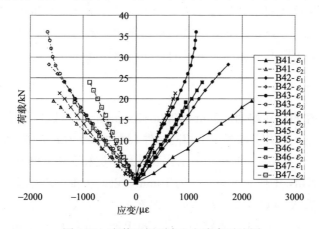

图 2.25　弯剪区侧面中心主应变对比图

由图 2.25 可知，粘贴 CFRP 布加固后弯剪区侧面中心的初始剪切刚度明显提高。在相同荷载下，加固试件弯剪区侧面中心的最大拉应变和最大压应变均明显小于对比试件。在弯剪区粘贴 CFRP 布可有效加固木梁的受剪性能。

2.3.4　加固木梁受剪承载力计算分析

粘贴 CFRP 布加固木梁受剪承载力可按照式(2.6)进行计算：

$$f_{v,n} = \frac{V \cdot S_n}{I_n \cdot b_n} \tag{2.6}$$

其中，$f_{v,n}$ 为 CFRP 布加固木梁的抗剪强度(MPa)；V 为剪力(N)；b_n 为考虑 CFRP 贡献的等效宽度(mm)，$b_n = b + 2t \dfrac{E_{FRP}}{E_w} = b + 2n \cdot t$，$b$ 为木梁截面宽度(mm)，n 为 CFRP 布与木材的弹性模量之比，t 为单侧 CFRP 的厚度(mm)；I_n 为考虑 CFRP 贡献的等效全截面惯性矩(mm^4)，$I_n = \dfrac{bh^3}{12} + \dfrac{2tnh_{FRP}^3}{12}$，$h$ 为木梁截面高度(mm)，h_{FRP} 为 CFRP 高度(mm)，与木梁等高时 $h_{FRP} = h$；S_n 为考虑 CFRP 贡献的等效面积矩(mm^3)，$S_n = \dfrac{bh^2}{8} + \dfrac{2tnh_{FRP}^2}{8}$。

2.4　外贴 CFRP 布加固短木柱轴心受压性能的研究

2.4.1　概况

木柱经过长时间使用后，容易出现开裂、老化和腐朽虫蛀等累积损伤；木柱长细比过大或使用功能改变引起其使用荷载增加，这些因素均有可能导致木柱的受压承载力不能满足要求，需进行加固。本节进行了外贴 CFRP 布加固短木柱的试验研究，对比了不同 CFRP 布层数、不同倒角半径对短木柱受力性能的影响程度，分析了外贴 CFRP 布加固短木柱的破坏形态和提高机理。

2.4.2　试验设计

短木柱试件的尺寸均为 90mm×90mm×250mm，所有试件均由同一批木材加工而来。试件共分 13 组，每组 3 个相同试件。试件编号为 $F_X R_Y$-Z，X 为粘贴 CFRP 布的层数，0 代表不加固，1 和 2 分别代表粘贴 1 层和 2 层 CFRP 布；Y 为倒角半径，0 代表不倒角，1 代表倒角半径为 10mm，以此类推；Z 为每组试件的序号，为 1、2 和 3；若 R 为 C 代表圆形截面。如 $F_0 R_0$-1～3 代表不粘贴 CFRP 布且不倒角的对比试件，$F_2 R_3$-1～3 代表粘贴 2 层 CFRP 布倒角半径为 30mm 的加固试件。

所有加固试件 CFRP 布的粘贴搭接长度均为 90mm。

1. 试验材料

本次试验用木材、CFRP 布和黏合剂的材料性能均同 2.2.2 节中的试验材料参数。

2. 加载制度

试件在试验机上进行试验，采用 DH3816 静态应变测量系统进行数据采集，正式试验前先进行预压以减少系统误差。试验采用连续均匀加载方式，当荷载下降至极限荷载的 85%时，试验结束。

2.4.3　试验结果与分析

1. 试验现象描述

未倒角未加固对比试件 F_0R_0-1～3 随着荷载增加，各侧面中心的应变基本相近；随着荷载进一步增加，伴随着较大的木材劈裂声，试件达到极限承载力，部分木纤维发生错位。加固试件的破坏过程类似，在荷载增加过程中试件各侧面中心的应变基本相近；随着荷载的进一步增加，试件发出木材劈裂声，但木材外鼓和错位受到 CFRP 布的约束，局部 CFRP 布发生皱褶；当荷载达到极限承载力并进入破坏阶段时，试件中部明显外鼓，部分木纤维发生明显错位，但由于受到 CFRP 布的约束仍作为一个整体受力，试件的延性性能得到较大提升，粘贴 2 层 CFRP 布的约束效果更加明显。只有极少数试件端部的 CFRP 布发生断裂。试件典型破坏特征如图 2.26～图 2.29 所示。

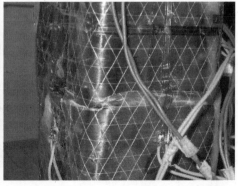

图 2.26　F_1C-2 的 CFRP 布皱褶　　　　图 2.27　F_1R_1-3 中部外鼓、CFRP 布皱褶

图 2.28　F_2C-1 受 CFRP 布有效约束　　　　图 2.29　F_2R_0-2 中部明显外鼓

2. 主要试验结果

本次粘贴 CFRP 布加固短木柱的主要试验结果汇总如表 2.7 所示。

表 2.7　粘贴 CFRP 布加固短木柱的主要试验结果

编号	P_u/kN	$\overline{\sigma_u}$ /MPa	Δ_m/mm	Δ_y/mm	Δ_u/mm	$\overline{\Delta_u}$ /mm	μ_Δ	$\overline{\mu_\Delta}$
F_0R_0-1	231.0		3.22	1.76	3.41		1.94	
F_0R_0-2	221.2	26.1 (100%)	3.37	1.81	4.19	3.60 (100%)	2.31	2.13 (100%)
F_0R_0-3	183.6		2.63	1.50	3.19		2.13	
F_1R_0-1	207.2		3.90	2.22	5.43		2.45	
F_1R_0-2	245.5	26.4 (101.1%)	3.76	2.10	6.97	5.99 (166.4%)	3.32	2.95 (138.5%)
F_1R_0-3	188.0		3.35	1.81	5.58		3.08	
F_2R_0-1	280.4		3.39	1.87	4.98		2.66	
F_2R_0-2	283.6	32.0 (122.6%)	3.51	1.88	4.59	5.29 (146.9%)	2.44	2.50 (117.4%)
F_2R_0-3	214.3		4.25	2.64	6.30		2.39	
F_1R_1-1	248.5		3.73	2.05	7.65		3.73	
F_1R_1-2	190.0	27.9 (106.9%)	4.15	2.63	5.96	6.28 (174.4%)	2.27	2.73 (128.2%)
F_1R_1-3	232.4		3.99	2.39	5.23		2.19	
F_2R_1-1	262.7		4.38	2.62	10.27		3.92	
F_2R_1-2	258.0	30.8 (118.0%)	3.71	2.11	8.61	14.39 (399.7%)	4.08	5.57 (261.5%)
F_2R_1-3	219.7		4.25	2.79	24.29		8.71	
F_1R_2-1	206.2		4.46	2.70	7.05		2.61	
F_1R_2-2	237.0	27.5 (105.4%)	4.26	2.57	5.76	6.16 (171.1%)	2.24	2.36 (110.8%)
F_1R_2-3	196.3		4.23	2.55	5.66		2.22	

续表

编号	P_u/kN	$\overline{\sigma_u}$ /MPa	Δ_m/mm	Δ_y/mm	Δ_u/mm	$\overline{\Delta_u}$ /mm	μ_Δ	$\overline{\mu_\Delta}$
F_2R_2-1	202.1		3.87	2.48	5.81		2.34	
F_2R_2-2	266.9	31.4 (120.3%)	3.50	2.00	6.64	6.21 (172.5%)	3.32	2.93 (137.6%)
F_2R_2-3	262.2		3.40	1.98	6.19		3.13	
F_1R_3-1	228.5		3.43	1.83	4.62		2.52	
F_1R_3-2	230.7	32.6 (124.9%)	3.21	1.85	8.77	6.18 (171.7%)	4.74	3.19 (149.8%)
F_1R_3-3	257.2		4.03	2.23	5.14		2.30	
F_2R_3-1	227.9		3.56	2.07	6.70		3.24	
F_2R_3-2	213.7	32.4 (124.1%)	3.35	1.90	7.92	8.10 (225.0%)	4.17	3.90 (183.1%)
F_2R_3-3	269.9		4.40	2.26	9.69		4.29	
F_1R_4-1	153.0		2.91	1.53	4.97		3.25	
F_1R_4-2	178.8	24.9 (95.4%)	3.59	2.06	6.32	5.27 (146.4%)	3.07	2.98 (139.9%)
F_1R_4-3	169.9		3.16	1.73	4.52		2.61	
F_2R_4-1	223.4		3.20	1.80	12.39		6.88	
F_2R_4-2	165.3	27.8 (106.5%)	3.13	1.86	6.05	7.32 (203.3%)	3.25	4.19 (196.7%)
F_2R_4-3	172.2		2.92	1.45	3.52		2.43	
F_1C-1	204.2		3.48	2.12	8.75		4.13	
F_1C-2	145.3	25.5 (97.7%)	2.40	1.41	6.26	6.80 (188.9%)	4.44	3.77 (177.0%)
F_1C-3	137.5		3.48	1.97	5.39		2.74	
F_2C-1	192.8		3.17	1.99	6.00		3.02	
F_2C-2	192.8	29.4 (112.6%)	4.13	2.53	7.21	6.67 (185.3%)	2.85	2.84 (133.3%)
F_2C-3	174.8		4.34	2.56	6.81		2.66	

注：P_u 为极限承载力，$\overline{\sigma_u}$ 为平均极限应力，Δ_m 为试件达到 P_u 时的位移，Δ_y 为名义屈服位移，Δ_u 为荷载下降至 $0.85P_u$ 时的极限位移，$\overline{\Delta_u}$ 为平均极限位移，μ_Δ 为延性系数 $\mu_\Delta = \Delta_u/\Delta_y$，$\overline{\mu_\Delta}$ 为平均延性系数。

3. 荷载-位移曲线

对比试件和不倒角加固试件的荷载-位移曲线对比如图 2.30 所示，各组试件平均极限应力对比如图 2.31 所示。

由表 2.7、图 2.30 和图 2.31 可知：① 粘贴 CFRP 布后加固试件的平均极限应力得到一定提高，粘贴 1 层 CFRP 布试件的平均极限应力较对比试件提高 5.2%，粘贴 2 层 CFRP 布试件的平均极限应力较对比试件提高 17.4%。② 粘贴 CFRP 后加固试件的平均极限位移得到明显提高，粘贴 1 层 CFRP 布后平均极限位移较对比试件提高 69.8%，粘贴 2 层 CFRP 布后平均极限位移较对比试件提高 122.1%。

③ 倒角半径对粘贴 CFRP 布加固短木柱受力性能改善效果的影响不明显，倒角 40mm 试件和圆形试件的极限应力略有降低可能是试件尺寸较小、试件在加工过程中破坏了局部木纤维导致其有效受力面积减少。

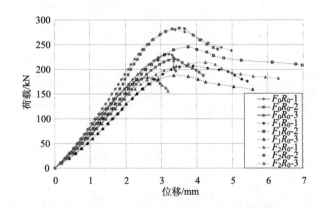

图 2.30　对比试件和不倒角加固试件的荷载-位移曲线对比

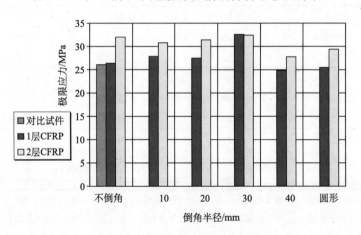

图 2.31　试件平均极限应力对比

4. 延性系数

粘贴 CFRP 布加固短木柱后，加固试件的极限位移得到明显提高。根据实测的 P-Δ 曲线，用能量等效面积法计算试件的名义屈服位移 Δ_y，再用 $\mu_\Delta = \Delta_u / \Delta_y$ 计算各试件的延性系数 μ_Δ，计算结果见表 2.7。由表 2.7 可知，粘贴 1 层和 2 层 CFRP 布加固试件的延性系数均明显提高，分别较对比试件提高 40.7% 和 71.6%。

5. 提高机理

随着荷载增加，对比试件木纤维发生错动撕裂产生裂缝，并继续沿裂缝破坏；粘贴 CFRP 布后试件木纤维仍会发生错动撕裂，但由于受到 CFRP 布的有效约束，试件仍作为一个整体受力，其受力性能得到明显改善。由于 2 层 CFRP 布的约束效果大于 1 层 CFRP 布，因而粘贴 2 层 CFRP 布加固试件极限应力和延性系数的提高程度也明显大于粘贴 1 层 CFRP 布加固试件。

2.5　外贴 CFRP 布加固开裂短木柱轴心受压性能的研究

2.5.1　概况

国家标准《木结构设计标准》（GB50005—2017）[28]通过规定木柱的材质等级来限制开裂等缺陷对木柱性能的不利影响，但这并不能解决在役木柱使用后出现裂缝的问题。另外，对木材材质等级的限制也降低了木材的利用效率，造成木材资源的浪费。针对既有方木柱容易开裂的问题，本章节进行了开裂短方木柱粘贴 CFRP 布的试验研究，并得出了相应的结论和建议。

2.5.2　试验设计

短方木柱尺寸为 90mm×90mm×250mm，所有试件均取自同一批木材。试件共分 4 组，每组 3 个相同试件：第一组为开裂对比试件，编号为 F_0R_0Cr-1～3；第二组为未开裂对比试件，编号为 F_0R_0-1～3；第三组为粘贴一层 CFRP 布的开裂试件，编号为 F_1R_0Cr-1～3；第四组为粘贴二层 CFRP 布的开裂试件，编号为 F_2R_0Cr-1～3。所有开裂试件的裂缝开展状况均相似：裂缝贯穿整个试件高度，裂缝深度为 30～40mm，试件表面裂缝宽度为 1.0～1.5mm。CFRP 布的粘贴搭接长度均为 90mm。

1. 试验材料

本次试验用木材、CFRP 布和黏合剂的材料性能均同 2.2.2 节中的试验材料参数。

2. 应变片布置

为了解试件受力过程中的变形情况，在试件四面中心位置布置竖向应变片，并在开裂一侧粘贴应变片。

3. 加载制度

加载制度同 2.4.2 节的加载制度。

2.5.3　试验结果与分析

1. 试验现象描述

开裂试件 F_0R_0Cr-1～3 在荷载增加至极限承载力的 30%～50%时，已有裂缝继续开展，并发出木材劈裂声，开裂一侧中心的竖向应变明显大于其对侧，试件呈明显偏压特征。随着荷载进一步增加，试验机顶板向开裂一侧倾斜，试件沿已有裂缝劈裂破坏。未开裂试件 F_0R_0-1～3 在达到极限承载力前均没有发出明显声响，各侧面中心的应变基本相近，试件处于轴心受压状态；随着荷载增加，伴随着较大的木材劈裂声，试件达到极限承载力，部分木纤维发生错位。粘贴 1 层 CFRP布的开裂试件 F_1R_0Cr-1～3 和粘贴 2 层 CFRP 布的开裂试件 F_2R_0Cr-1～3 破坏过程类似，在荷载增加至极限承载力的 40%～60%时，试件持续发出木材劈裂声，试件各侧面中心的应变基本相近，试件呈明显的轴压特征；随着荷载的增加，木材外鼓和错位受到 CFRP 布的约束，局部 CFRP 布发生皱褶；当荷载达到极限承载力并进入破坏阶段时，试件中部明显外鼓，部分木纤维发生明显错位，但由于受到 CFRP 布的约束仍作为一个整体受力，试件的延性性能得到较大提升，粘贴2 层 CFRP 布的约束效果更加明显。试件典型破坏特征如图 2.32、图 2.33 所示。

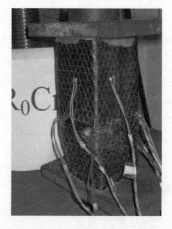

图 2.32　F_0R_0Cr-2 向裂缝一侧破坏　　　　图 2.33　F_2R_0Cr-1 外鼓、CFRP 布皱褶

2. 主要试验结果

粘贴 CFRP 布加固开裂短木柱的主要试验结果汇总如表 2.8 所示。

表 2.8　粘贴 CFRP 布加固开裂短木柱的主要试验结果

编号	P_u/kN	$\overline{P_u}$/kN	Δ_m/mm	Δ_y/mm	Δ_u/mm	$\overline{\Delta_u}$	μ_Δ	$\overline{\mu_\Delta}$
F_0R_0Cr-1	167.2		2.05	1.04	2.76		2.65	
F_0R_0Cr-2	168.2	153.8 (100%)	2.38	1.16	2.63	3.0 (100%)	2.27	2.38 (100%)
F_0R_0Cr-3	126.0		2.78	1.58	3.52		2.23	
F_0R_0-1	231.0		3.22	1.76	3.41		1.94	
F_0R_0-2	221.2	211.9 (137.8%)	3.37	1.81	4.19	3.6 (120.0%)	2.31	2.13 (89.5%)
F_0R_0-3	183.6		2.63	1.50	3.19		2.13	
F_1R_0Cr-1	183.7		3.21	1.91	6.34		3.32	
F_1R_0Cr-2	228.9	196.3 (127.6%)	3.51	2.02	6.67	5.6 (186.7%)	3.30	3.12 (131.1%)
F_1R_0Cr-3	176.4		2.65	1.36	3.71		2.73	
F_2R_0Cr-1	208.7		3.34	2.07	5.44		2.63	
F_2R_0Cr-2	220.0	221.3 (143.9%)	3.12	1.76	6.41	5.9 (196.7%)	3.64	3.36 (141.2%)
F_2R_0Cr-3	235.1		2.69	1.51	5.77		3.82	

注：P_u 为极限承载力，$\overline{P_u}$ 为平均极限承载力，Δ_m 为试件达到 P_u 时的位移，Δ_y 为名义屈服位移，Δ_u 为荷载下降至 $0.85P_u$ 时的极限位移，$\overline{\Delta_u}$ 为平均极限位移，μ_Δ 为延性系数 $\mu_\Delta=\Delta_u/\Delta_y$，$\overline{\mu_\Delta}$ 为平均延性系数。

3. 荷载-位移曲线

开裂试件和未开裂试件的荷载-位移曲线对比如图 2.34 所示，各组典型试件荷载-位移曲线如图 2.35 所示。

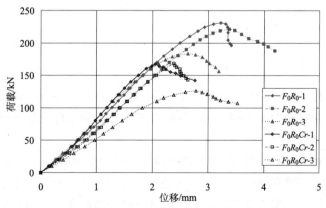

图 2.34　开裂试件和未开裂试件的荷载-位移曲线对比

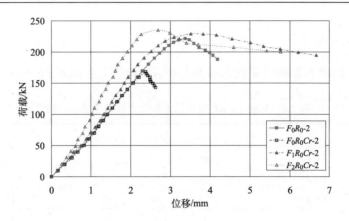

图 2.35　典型试件荷载-位移曲线

由表 2.8、图 2.34 和图 2.35 可知：① 未开裂试件的平均极限承载力较开裂试件提高 37.8%，粘贴 1 层 CFRP 布开裂试件的平均极限承载力较开裂试件提高 27.6%；粘贴 2 层 CFRP 布开裂试件的平均极限承载力较开裂试件提高 43.9%。② 未开裂试件的平均极限位移较开裂试件提高 20.0%，粘贴 1 层 CFRP 布后平均极限位移大幅提高至开裂试件的 186.7%，粘贴 2 层 CFRP 布后平均极限位移提高至未开裂试件的 196.7%。③ 开裂试件和未开裂试件的初始刚度基本相近，粘贴 CFRP 布开裂试件的初始刚度略有提高。

4. 延性系数

粘贴 CFRP 布加固开裂短木柱后，试件的极限位移得到明显提高，延性系数 μ_Δ 计算结果见表 2.8。

由表 2.8 可知，未开裂试件的延性系数较开裂试件略有降低；粘贴 1 层和 2 层 CFRP 布加固试件的延性系数均明显提高，分别较开裂试件提高 31.1% 和 41.2%。

5. 应变分析

开裂试件开裂一侧及其对面中心竖向应变如图 2.36 所示；未开裂试件对应侧面中心的竖向应变如图 2.37 所示；粘贴 CFRP 布开裂试件开裂一侧及其对面中心的竖向应变如图 2.38、图 2.39 所示。

由图 2.36～图 2.39 可知，开裂试件开裂一侧中心竖向压应变明显大于其对面，F_0R_0Cr-3 试件裂缝对侧中心甚至出现竖向拉应变，说明开裂试件整个截面的受力极不均匀，呈明显偏心受力状态，导致其承载力明显降低。而未开裂试件对侧中心的竖向应变的变化随荷载增加基本一致,试件为轴心受压。粘贴 CFRP 布加固后,开裂一侧与其对面的竖向压应变较为接近,其均匀程度甚至优于未开裂试件,呈典型的轴心受压特征。粘贴 CFRP 布加固开裂试件的承载力及延性系数均较开裂试件有明显提高,试件的受力性能得到明显改善。

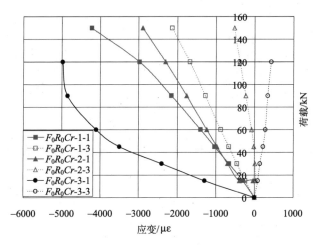

图 2.36　开裂试件开裂一侧及其对面中心竖向应变

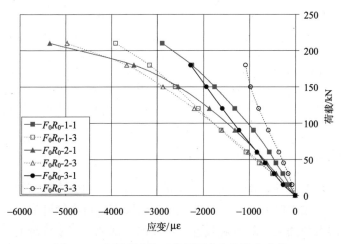

图 2.37　未开裂试件对应侧面中心的竖向应变

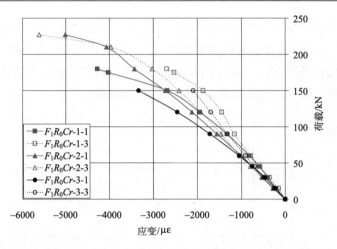

图 2.38　粘贴 1 层 CFRP 布开裂试件开裂一侧及其对面中心竖向应变

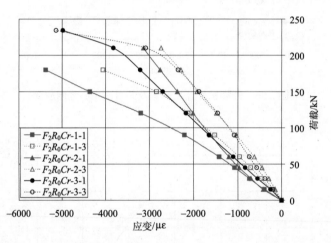

图 2.39　粘贴 2 层 CFRP 布开裂试件开裂一侧及其对面中心竖向应变

6. 提高机理

随着荷载增加，开裂试件既有裂缝继续开展，截面应力分布很不均匀，呈偏心受力状态；粘贴 CFRP 布后，试件仍首先沿既有裂缝继续开展，但裂缝开展受到 CFRP 布的有效约束；随着荷载进一步增加，试件中部木纤维的外鼓和错位受到 CFRP 布的进一步约束，使试件仍作为一个整体受力，其极限承载力和延性系数均得到明显提高。由于 2 层 CFRP 布的约束效果大于 1 层 CFRP 布，因而粘贴2 层 CFRP 布开裂试件极限承载力和延性系数的提高程度也明显大于粘贴 1 层 CFRP 布开裂试件。

2.6　外贴 CFRP 布加固中木柱轴心受压性能的研究

2.6.1　概况

本章节进行了 CFRP 布加固中木柱轴心受压性能的试验研究，并进行了配筋木柱的初步探索，得出了相应的研究结论。

2.6.2　试验设计

试件尺寸均为 190 mm×190 mm×650 mm，所有试件均取自同一批锯材。试件共 10 根，编号为 C1～C10，其中 C1 为对比试件，C2 粘贴 1 层 CFRP 布，C3 粘贴 1 层螺旋 CFRP 布，C4 粘贴 1 层 CFRP 条带，C5 粘贴 1 层 CFRP 布和 1 层 CFRP条带，C6 粘贴 2 层 CFRP 布，C7 在木柱 4 侧中心埋设 AFRP 筋，C8 在木柱 4 侧中心埋设 AFRP 筋并粘贴 1 层 CFRP 布，C9 在木柱 2 侧中心埋设 AFRP 筋，C10在木柱 2 侧中心埋设 AFRP 筋并粘贴 1 层 CFRP 布。所有试件特征及尺寸如图 2.40所示。为减少木柱角部区域 CFRP 布的应力集中，所有采用 CFRP 布包裹的试件角部均倒角 30mm。

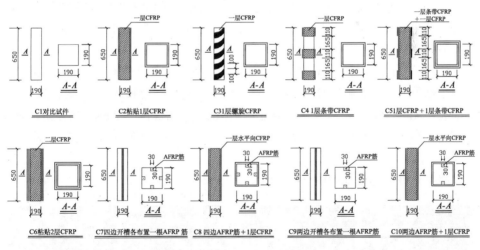

图 2.40　试件特征及尺寸(单位：mm)

1. 试验材料

试验用 AFRP 筋选用南京海拓复合材料有限责任公司提供的 Lica®AFRP 筋，公称直径为 8.0mm，抗拉强度为 1800 MPa，弹性模量为 145 GPa。本次试验用木材、CFRP 布和黏合剂的材料性能均同 2.2.2 节中的试验材料参数。

2. 应变片布置

为了解试件受力过程中的变形情况和 CFRP 布的约束效果，在试件四面中心位置布置竖向和水平应变片。

3. 加载制度

试件在 MTS 试验机上进行试验，采用 DH3816 静态应变测量系统进行数据采集。正式加载前先进行预压以减少系统误差。试验采用连续均匀加载方式，加载速度为 0.02 mm/s，当荷载下降至极限荷载的 85%时，试验结束。

2.6.3　试验结果与分析

1. 试验现象描述

对比试件 C1 破坏时中部外鼓，东、西和北侧有竖向裂缝。C2 破坏时北侧中间偏下位置部分 CFRP 布剥离，西侧中间偏下位置 CFRP 布皱褶。C3 破坏时中上部无 CFRP 布约束处外鼓，中间 CFRP 布局部拉断。C4 破坏时在 CFRP 条带间明显外鼓，但 CFRP 条带无明显破坏。C5 破坏时中部 CFRP 布有局部皱褶。C6 破坏时东侧中间偏下位置外鼓，南、西和北侧中间偏下位置 CFRP 布局部断裂、剥离及皱褶。

C7 破坏时南北两侧结构胶与木槽有剥离现象，东西两侧有竖向裂缝，试件中间偏上部位外鼓。C8 破坏时在东侧中部 CFRP 布局部断裂和剥离，南侧底部 CFRP 布断裂，AFRP 筋外露。C9 破坏时北侧结构胶与木槽剥离，AFRP 筋外露，东西两侧有贯穿的竖向裂缝。C10 破坏时靠近上端部 CFRP 布发生局部皱褶、剥离和断裂。

典型试件破坏特征如图 2.41 所示。

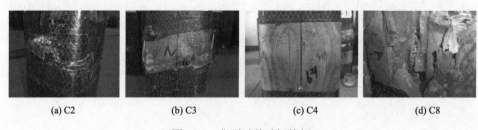

(a) C2　　　　　　(b) C3　　　　　　(c) C4　　　　　　(d) C8

图 2.41　典型试件破坏特征

2. 主要试验结果及分析

粘贴 CFRP 布加固中木柱轴心受压性能的主要试验结果汇总如表 2.9 所示。

表 2.9　主要试验结果

编号	P_u/kN	P_u 提高幅度/%	Δ_m/mm	Δ_y/mm	Δ_u/mm	μ_Δ	μ_Δ 提高幅度/%
C1	901.7	—	4.61	2.41	5.32	2.21	—
C2	990.3	9.8	7.14	3.98	9.60	2.41	9.0
C3	1053.5	16.8	5.71	3.08	8.40	2.73	23.5
C4	970.5	7.6	4.96	2.51	6.60	2.63	19.0
C5	1117.1	23.9	7.04	3.63	10.40	2.87	29.9
C6	1137.3	26.1	6.12	3.32	8.83	2.66	20.4
C7	1275.7	41.5	7.62	4.14	9.40	2.27	2.7
C8	1158.2	28.4	8.49	4.51	13.10	2.90	31.2
C9	1061.3	17.7	6.42	3.40	10.40	3.06	38.5
C10	1149.4	27.5	8.08	4.50	13.60	3.02	36.7

注：P_u 为极限承载力，Δ_m 为试件达到 P_u 时的位移，Δ_y 为名义屈服位移，Δ_u 为荷载下降至 $0.85P_u$ 时的极限位移，μ_Δ 为延性系数 $\mu_\Delta = \Delta_u / \Delta_y$。

3. 荷载-位移曲线

试件的荷载-位移曲线如图 2.42、图 2.43 所示，各试件极限荷载对比如图 2.44 所示。

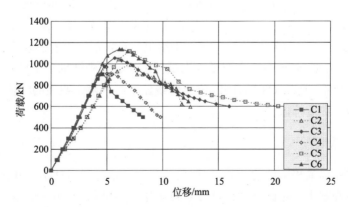

图 2.42　C1～C6 荷载-位移曲线对比图

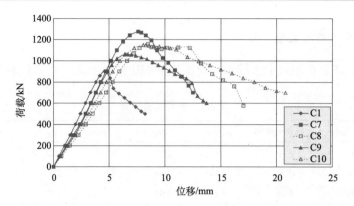

图 2.43　C7～C10 荷载-位移曲线对比图

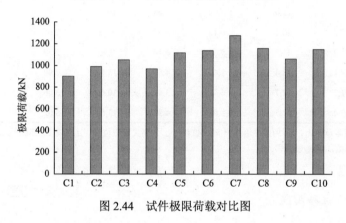

图 2.44　试件极限荷载对比图

　　由表 2.9 和图 2.42～图 2.44 可知：① 木柱粘贴 1 层 CFRP 布（满布、螺旋和条带）的受压承载力提高 7.6%～16.8%，粘贴 2 层 CFRP 布的受压承载力提高 23.9%～26.1%。② 木柱在侧面中心埋设 2 根或 4 根 AFRP 筋并用 1 层 CFRP 布包裹后，其受压承载力分别提高 27.5%和 28.4%。C8 受压承载力提高幅度（28.4%）小于 C7 提高幅度（41.5%），主要是因为试件制作过程中端部不平整，引起试件各部分受力峰值不一致，C8 的荷载-位移曲线显示其有两个明显的峰值，导致其受压承载力增加幅度降低。

　　4. 延性系数

　　根据试验现象和试件的荷载-位移曲线可知，木柱采用粘贴 CFRP 布加固后，其延性性能普遍优于对比试件，延性系数 μ_Δ 计算结果见表 2.9 和图 2.45。

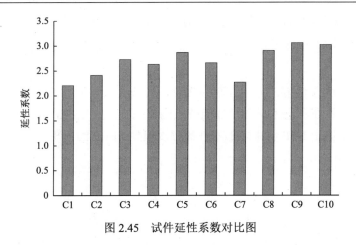

图 2.45　试件延性系数对比图

由表 2.9 和图 2.45 可知，采用粘贴 CFRP 布加固木柱的延性系数较对比试件有明显提高，提高幅度为 9.0%～29.9%，在边缘埋设 AFRP 筋木柱的延性系数分别提高 2.7% 和 38.5%，在边缘埋设 AFRP 筋并用 CFRP 布包裹木柱的延性系数分别提高 31.2% 和 36.7%。

5. 应变分析

由于木节和局部裂缝的存在，使试件各侧面中心水平应变存在一定离散，但总的趋势一致。加固试件由于 CFRP 布的有效约束，其水平拉应变明显大于对比试件；粘贴 2 层 CFRP 布的水平拉应变大于粘贴 1 层 CFRP 布的水平拉应变。

6. 提高机理

随着荷载增加，对比试件木纤维发生错动撕裂产生裂缝，并继续沿裂缝破坏；粘贴 CFRP 布后，木纤维仍发生错动撕裂，但受到 CFRP 布有效约束，仍作为一个整体受力，且其横向变形受到 CFRP 布的有效约束，使木柱处于三向受压状态，其受压承载力和延性性能均得到明显提升。由于 2 层 CFRP 布的约束效果大于 1 层 CFRP 布，粘贴 2 层 CFRP 布试件极限应力的提高程度明显大于粘贴 1 层 CFRP 布试件。在木柱侧面埋设 AFRP 筋相当于配筋木柱，其受压承载力也得到明显提高。

2.6.4　强度模型

已有的 FRP 约束混凝土强度大多采用如下模型[40]：

$$\frac{f'_{cc}}{f'_{co}} = 1 + k_1 \frac{f_1}{f'_{co}} \tag{2.7}$$

其中，f'_{cc} 和 f'_{co} 分别为约束和非约束混凝土的抗压强度；f_1 为 FRP 提供的侧面约束力；k_1 为约束有效性系数，Lam 和 Teng[41]根据大量试验数据分析推荐了供设计使用的 $k_1 = 2$。

木材材料力学性能的方向性较为敏感，其顺纹抗压强度和横纹抗压强度存在巨大差异。建议在考虑木材力学性能特点的前提下，参考 FRP 约束矩形混凝土柱的强度模型，提出 FRP 约束矩形木柱的强度模型。FRP 约束矩形木柱的强度模型建议如式 (2.8) 所示：

$$\frac{f'_{cc}}{f'_{co}} = 1 + k_1 \frac{f_1}{f'_{c,90}} \tag{2.8}$$

其中，f'_{cc} 和 f'_{co} 分别为约束和非约束木材的顺纹抗压强度；f_1 为同样厚度 FRP 对直径 D 的等效圆柱提供的侧面约束力；$f'_{c,90}$ 为非约束木材的横纹抗压强度；k_1 为约束有效性系数，与 FRP 类型、木材材性、截面形式、长细比等有关，应由大量试验数据统计分析而来。

2.7 外贴 CFRP 布加固长木柱轴心受压性能的研究

2.7.1 概况

长期以来，学界和工程界对粘贴 CFRP 布加固长木柱轴心受压性能的研究较为欠缺。本章节针对工程需要，进行粘贴 CFRP 布加固长木柱轴心受压性能的试验研究，得出了相应的研究结论和建议。

2.7.2 试验设计

本次试验用长木柱来自上海思南路风貌别墅改造项目拆除的木柱，使用已近90 年。试件尺寸为 200 mm×200 mm×3600 mm（C63 试件长度为 3470mm），共 5根，编号为 C61～C65。其中 C61 为对比试件，C62 粘贴 1 层水平 CFRP 布，C63粘贴 1 层水平 CFRP 条带，C64 粘贴 2 层水平 CFRP 布，C65 在四边中心位置各布置 1 根 CFRP 筋并用 1 层水平 CFRP 布包裹。所有试件的特征及尺寸如图 2.46所示。为减少木柱角部区域 CFRP 布的应力集中，粘贴 CFRP 布加固试件的角部均倒角 20mm。

1. 试验材料

本次试验选用从历史建筑中拆除的旧花旗松，材性试验测得其顺纹抗压强度为 36.8MPa，横纹弦向抗压强度为 6.1MPa，横纹径向抗压强度为 3.9MPa，密度为 550kg/m³，含水率为 14.5%。试验用 CFRP 布、CFRP 筋和黏合剂的材料性能同 2.2.2 节 1.。

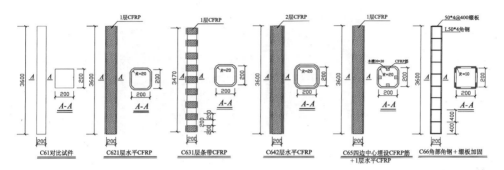

图 2.46　试件特征及尺寸(单位：mm)

2. 应变片布置

为了解长木柱受力过程中各部位的变形情况和作用机理，在试件四分之一、二分之一和四分之三高度处的四面中心位置布置竖向和水平应变片。应变片布置如图 2.47 所示。

图 2.47　应变片布置

3. 加载制度

试件采用液压千斤顶进行加载，采用 DH3816 静态应变测量系统进行数据采集。正式加载前先进行预压以减少系统误差。试验采用分级加载，每级荷载持荷 2～3min，当荷载下降至极限荷载的 85%时试验结束。试验加载装置如图 2.48 所示。

图 2.48　试验加载装置

2.7.3　试验结果与分析

1. 试验现象描述

对比试件 C61 首先在各侧面底部出现竖向裂缝，随着荷载的增加，竖向裂缝向上发展至试件三分之一高度处，裂缝把试件下端分为几部分，导致试件破坏，其上部未见明显破坏。C62 在试件接近破坏时发出巨大响声，底部 CFRP 布断裂、剥离，试件在底端被分为若干小木柱而发生局部破坏。C63 破坏时底端 CFRP 布断裂、剥离，局部木纤维压溃。C64 也在底端发生破坏，局部 CFRP 布皱褶，部分木纤维压溃。C65 在试件底端发生破坏，角部 CFRP 布断裂、剥离。典型试件破坏特征如图 2.49 所示。

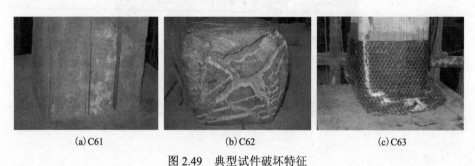

(a) C61　　　　　　　　　　(b) C62　　　　　　　　　　(c) C63

图 2.49　典型试件破坏特征

2. 极限承载力

试件极限承载力汇总如表 2.10 所示。

表 2.10　加固长木柱试件受压承载力对比表

编号	试件特征	极限承载力 P_u/kN	P_u 提高幅度/%
C61	对比试件	489	—
C62	1 层水平 CFRP 布	723	47.9
C63	1 层水平 CFRP 条带	660	35.0
C64	2 层水平 CFRP 布	718	46.8
C65	四边中心埋设 CFRP 筋＋1 层水平 CFRP 布	749	53.2

由表 2.10 可知，外贴 CFRP 布加固长木柱的受压承载力明显提高，提高幅度达 35.0%～47.9%。

3. 应变分析

C61～C65 的竖向平均应变如图 2.50 所示。各试件的水平应变对比如图 2.51 所示，其中 10 号和 14 号应变片位于试件一对侧面中心位置。

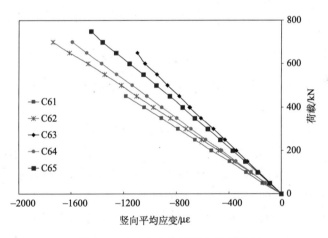

图 2.50　C61～C65 的竖向平均应变

由图 2.50 可知，C61～C65 的竖向平均应变存在明显差异，但接近破坏时其竖向应变均较小，均小于−1800με，说明试件不是由于木材本身达到极限强度而引起的破坏。由图 2.51 可知，对比试件 C61 在竖向荷载作用下的水平应变明显不均匀，一侧受拉而另一侧受压；粘贴 CFRP 布加固后试件水平应变均为拉应变，且趋于一致。

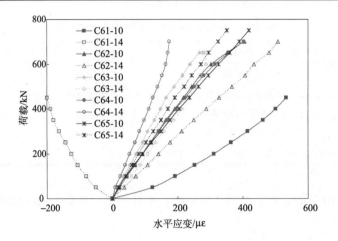

图 2.51   各试件的水平应变对比

2.7.4   加固长木柱承载力计算分析

根据国家标准《木结构设计标准》（GB 50005—2017）[28]的规定，木柱承载力按下式计算：

$$P=\varphi \cdot f_{c} \cdot A \tag{2.9}$$

其中，P 为承载力；φ 为稳定系数；f_{c} 为顺纹抗压强度；A 为木柱截面面积。

由试验现象和分析可知，CFRP 布对长木柱极限承载力的贡献主要包括两方面：一是 CFRP 布等效面积作用使木柱的回转半径增大，降低其长细比，因而木柱稳定系数 φ 提高；二是 CFRP 布有效约束木柱使其处于三向受压状态，木柱顺纹抗压强度 f_{c} 有明显提高。这也解释了 CFRP 布加固长木柱的承载力提高幅度明显大于相同材质短木柱的承载力提高幅度。

木柱稳定系数 φ 根据不同树种和长细比 λ 计算，长细比按式 (2.10) 计算：

$$\lambda=\frac{l_{0}}{i}=\frac{l_{0}}{\sqrt{I / A}} \tag{2.10}$$

其中，l_{0} 为木柱长度；i 为木柱截面回转半径；I 为木柱全截面惯性矩，对于加固试件应考虑 CFRP 布等效面积对 I 的贡献。

2.8   小   结

本章对外贴 CFRP 布加固木梁受弯和受剪性能、外贴 CFRP 布加固木柱受压性能进行了较为系统的研究，得出如下结论：

（1）外贴 CFRP 布加固木梁的受弯承载力和初始弯曲刚度均明显提高，加固木梁跨中截面应变随荷载增加仍基本符合平截面假定。

（2）外贴 CFRP 布加固木梁的受弯承载力可提高 53.5%～109.3%，理论计算与试验结果的偏差为-14.2%～19.8%，计算所得的破坏模式与实际破坏模式相同，考虑到木材本身的缺陷和材性离散，计算精度可满足工程精度要求。数值模拟结果与试验结果偏差为-13.9%～18.6%，表明本书建立的有限元模型、参数设置和破坏准则选取可行。

（3）外贴 CFRP 布加固木梁的受剪承载力明显提高，平均提高幅度为 28.5%，最大提高幅度为 108.7%，且加固后木梁的受剪破坏位移也有所提高，平均提高幅度为 32.9%。

（4）外贴 CFRP 布加固木柱的轴压承载力和延性系数均有明显提高，且轴压承载力随着 CFRP 布层数的增加而增加。开裂木柱粘贴 CFRP 布加固后，整个截面受力趋于均匀，破坏形态由偏压破坏转变为轴压破坏，极限承载力及延性系数均较未加固开裂试件有明显提高。外贴 CFRP 布加固短木柱的受压承载力提高幅度为 5.2%～17.4%，外贴 CFRP 布加固中木柱的受压承载力提高幅度为 7.6%～26.1%，外贴 CFRP 布加固长木柱的受压承载力提高幅度为 35.0%～47.9%，外贴 CFRP 布加固开裂短木柱的受压承载力提高幅度为 27.6%～43.9%。

（5）由于外贴 CFRP 布加固可有效约束裂缝开展、限制木材缺陷和防止木材局部破坏，因而外贴 CFRP 布加固后可适当放松对木构件材质等级的限制，从而提高木材出材率、节省林业资源。

参 考 文 献

[1] Plevris N, Triantafillou T. FRP-reinforced wood as structural material[J]. Journal of Materials in Civil Engineering, 1992, 3(4):300-317.

[2] Gangarao H, Sonti S S, Superfesky M C. Static response of wood crossties reinforced with composite fabrics[J]. International Society of the Advancement of Materials and Process Engineering Symposium and Exhibition, 1996, (41):1291-1303.

[3] Johns K, Lacroix S. Composite reinforcement of timber in bending[J]. Canadian Journal of Civil Engineering, 2000, (27):899-906.

[4] 马建勋, 蒋湘闽, 胡平, 等. 碳纤维布加固木梁抗弯性能的试验研究[J]. 工业建筑, 2005, 8(35):35-39.

[5] Borri A, Corradi M, Grazini A. A method for flexural reinforcement of old wood beams with CFRP materials[J]. Composite Part B: Engineering, 2005, (36):143-153.

[6] 张大照. CFRP 布加固修复木柱梁性能研究[D]. 上海: 同济大学, 2003.

[7] van de Kuilen J. Theoretical and experimental research on glass fiber reinforced laminated timber beams[C]. Proceedings of the International Timber Engineering Conference, London,

1991.

[8]　Gilfillan J, Gilbert S, Patrick G. The use of FRP composites in enhancing the structural behavior of timber beams[J]. Journal of Reinforced Plastics and Composites, 2003, (22):1373-1388.

[9]　Triantafillou T, Deskovic N. Prestressed FRP sheets as external reinforcement of wood mambers[J]. Journal of Structural Engineering, 1992, 5(118):1270-1284.

[10]　Lopez-Anido R, Michael A, Sandford T. Experimental characterization of FRP composite-wood pile structural response by bending tests[J]. Marine Structures, 2003, (16):257-274.

[11]　祝金标, 王柏生, 王建波. 碳纤维布加固破损木梁的试验研究[J]. 工业建筑, 2005, 10(35):86-89.

[12]　Dagher H, Kimball T, Shaler S, et al. Effect of FRP reinforcement on low grade eastern hemlock glulams[C]. Proceedings of 1996 National Conference on Wood Transportation Structures, Madison, 1996.

[13]　Brunner M, Schnueriger M. Timber beams strengthened by attaching prestressed carbon FRP laminates with a gradiented anchoring device[C]. Proceedings of International Symposium on Bond Behavior of FRP in Structures, Hong Kong, 2005:465-471.

[14]　Lopez-Andio R, Xu H. Structural characterization of hybrid fiber-reinforced polymer-glulam panels for bridge decks[J]. Journal of Composites for Construction, 2002, 3(6):194-203.

[15]　Blass H J, Romani M. Design model for FRP reinforced glulam beams[C]. International Council for Research and Innovation in Building and Construction, Venice, 2001.

[16]　Davalos J, Zipfel M, Qiao P. Feasibility study of prototype GFRP reinforced wood railroad crosstie[J]. Journal of Composites for Construction, 1999, (3):92-99.

[17]　Triantafillou T. Shear reinforcement of wood using FRP materials[J]. Journal of Materials in Civil Engineering, 1997, 2(9):64-69.

[18]　Hay S, Thiessen K, Svecova D, et al. Effectiveness of GFRP sheets for shear strengthening of wood[J]. Journal of Composites for Construction, 2006, 10:483-491.

[19]　Carradi M, Speranzini E, Borri A, et al. In-plane shear reinforcement of wood beam floors with FRP[J]. Composite Part B: Engineering, 2006, 37:310-319.

[20]　Svecova D, Eden R. Flexural and shear strengthening of wood beams using glass fibre reinforced polymer bars-an experimental investigation[J]. Canadian Journal of Civil Engineering, 2004, 31:45-55.

[21]　Triantafillou T. Composites: A new possibility for the shear strengthening of concrete, masonry and wood[J]. Composites Science and Technology, 1998, (58):1285-1295.

[22]　姚江峰, 赵宝成, 史丽院, 等. 复合纤维对圆形木柱抗压承载能力的加固试验研究[J]. 苏州科技学院学报, 2006, 19(4):1-4.

[23]　张天宇. CFRP 布包裹加固旧木柱轴压性能试验研究[J]. 福州建筑, 2005:92(2):49-51.

[24]　Zhang W P. Compressive behavior of longitudinally cracked timber columns retrofitted using FRP sheets[J]. Journal of Structure Engineering, 2012, 138(1):90-98.

[25]　许清风, 朱雷. CFRP 维修加固局部受损木柱的试验研究[J]. 土木工程学报, 2007, 40(8):41-46.

[26]　许清风. 巴掌榫和抄手榫维修圆木柱的试验研究[J]. 建筑结构, 2012, 42(2):170-172, 175.

[27] 许清风. 局部损伤圆木柱维修加固方法的试验研究[J]. 中南大学学报(自然科学版), 2012, 43(4):1506-1513.

[28] 中华人民共和国住房和城乡建设部. 木结构设计标准:GB50005—2017[S]. 北京:中国建筑工业出版社, 2017.

[29] 中华人民共和国国家质量监督检验检疫总局, 中国国家标准化管理委员会. 木材顺纹抗拉强度试验方法:GB/T1938—2009[S]. 北京:中国标准出版社, 2009.

[30] 中华人民共和国国家质量监督检验检验总局, 中国国家标准化管理委员会. 木材顺纹抗压强度试验方法: GB/T1935—2009[S]. 北京:中国标准出版社, 2009.

[31] 中华人民共和国国家质量监督检验检疫总局, 中国国家标准化管理委员会. 木材抗弯弹性模量测定方法: GB/T1936. 2—2009[S]. 北京:中国标准出版社, 2009.

[32] 中华人民共和国国家质量监督检验检疫总局, 中国国家标准化管理委员会. 木材密度测定方法:GB/T1933—2009 [S]. 北京:中国标准出版社, 2009.

[33] 中华人民共和国国家质量监督检验检疫总局, 中国国家标准化管理委员会. 木材含水率测定方法:GB/T1931—2009 [S]. 北京:中国标准出版社, 2009.

[34] 《木结构设计手册》编辑委员会. 木结构设计手册[M]. 3 版. 北京: 中国建筑工业出版社, 2005.

[35] Bechtel S, Norris C. Strength of wood beam and rectangular cross section as affected by span-depth ration[R]. United States Department of Agriculture Forest Service, Washington, 1952.

[36] 魏国安. 古建筑木结构斗拱的力学性能及 ANSYS 分析[D]. 西安: 西安建筑科技大学, 2007.

[37] 尹思慈. 木材学[M]. 北京: 中国林业出版社, 1996.

[38] 沈观林. 复合材料力学[M]. 北京: 清华大学出版社, 2006.

[39] American Forest and Paper Association. National design specification for wood construction: ANSI/AF&PA NDS—2005[S]. American Forest and Paper Association, Washington, 2005.

[40] 腾锦光, 陈建飞, 史密斯, 等. FRP 加固混凝土结构[M]. 李荣, 滕锦光, 顾磊, 译. 北京: 中国建筑工业出版社, 2005.

[41] Lam L, Teng J. Strength models for fiber-reinforced plastic-confined concrete[J]. Journal of Structural Engineering, 2002, 128(5):612-623.

第3章 外贴碳-芳HFRP布加固木结构受力性能研究

3.1 引 言

在国外，尤其在美国和加拿大，学者对 CFRP 加固木结构进行了一些研究，但主要针对胶合木结构。Blass 和 Romani[1]对 CFRP 增强胶合层木的受弯性能进行试验研究并比较了底板黏和夹心粘贴的参数影响，证明对于胶合层木与 FRP 组合后同样有很好的增强效果。Plevris 和 Triantafillou[2]对两根 1.18%体积率的 CFRP 增强的木梁和 1 根对比试件进行了 10 个月的恒温恒湿恒载试验，结果表明 CFRP 加固后可减少 40%的初始变形和 50%的徐变变形，从而表明 CFRP 能够提高木梁的刚度和减少徐变影响，而且其效果是非常可观的。Taheri 等[3]进行了 CFRP 加固长细比为 16 的胶合方木柱的试验研究，加固后胶合方木柱的极限承载力提高了 60%~70%。Dagher 等[4]、Brunner 和 Schnueriger[5]分别进行了 FRP 布加固简支胶合木梁的试验研究，研究表明，所有加固试件的破坏均由受拉面木材的脆性断裂引起；FRP 布加固胶合木梁后受弯承载力提高 22%~51%，刚度提高 25%~37%；对 FRP 布施加预应力可提高加固效果。Triantafillou[6]进行了粘贴不同厚度（0.167mm、0.334mm）和方向（0°、90°）CFRP 布加固木梁受剪承载力的试验研究，为保证试件发生剪切破坏，剪跨内试件宽度由 65mm 减至 25mm，研究表明，所有试件均在剪跨内发生剪切破坏，粘贴 CFRP 布后木梁受剪承载力提高 4.8%~42.8%，提高幅度与理论分析结果符合较好。Hay 等[7]进行了 GFRP（竖向和斜向）加固木梁受剪承载力的试验研究，结果表明，GFRP 斜向粘贴木梁的受剪承载力提高 34.1%，而 GFRP 竖向粘贴木梁的受剪承载力仅提高 16.4%，斜向粘贴比竖向粘贴的加固效果更好。

而我国在这方面的研究甚少。近年来，同济大学、西安交通大学、西安建筑科技大学、上海市建筑科学研究院和南京工业大学才陆续有学者对此开展研究。马建勋和胡平[8]进行了 CFRP 布加固圆形木柱的试验研究，CFRP 布满布或间隔成条布置。研究表明，粘贴 CFRP 布能有效约束圆木柱的横向变形，显著提高木柱的延性；用 CFRP 布加固后圆形木柱轴压承载力提高 18%~33%。周钟宏和刘伟庆[9]进行了 CFRP 加固圆木柱（杉木）的试验研究，加固后木柱的承载力和延性有显著提高，提高幅度与 CFRP 的规格、层数及方向有关；并根据试验结果提出了 CFRP 约束圆木柱抗压强度的计算模型。杨会峰等[10]进行了 CFRP 加固杨木胶合木梁受弯承载力的试验研究，加固后其极限承载力提高 18%～63%，刚度提高 32%～88%，延性系数提高 33%～133%，比国外胶合木梁提高的幅度大。王鲲[11] 进行了 7 根 CFRP 加固矩形木梁受剪承载力的试验研究，得到了木梁在受剪切荷载作用时的两种破坏形态：一种是沿木纤维顺纹方向的剪切破坏，另一种为梁的斜截面剪切破坏，从理论计算上分析两种不同破坏形态发生的条件，并针对两种不同的破坏形态提出了相应的加固方法。

国内外学者对 FRP 加固木结构的研究基本都是针对单一 FRP 材料加固木结构的性能研究，而对混杂纤维的研究刚刚开始，对混杂纤维加固木结构的研究也鲜有报道。综合承载能力、经济性、延性、耐腐蚀性等多方面考虑，本书提出采用 CFRP 材料和 AFRP 材料混杂加固木结构的设想，综合考虑 CFRP 的高强度和 AFRP 的高延性，使用两种纤维的协调匹配，取长补短，产生混杂的效应，改善结构的性能。本章重点阐述碳-芳 HFRP 加固木梁的受弯和受剪性能、加固木柱的轴心受压性能。

3.2　碳-芳 HFRP 最优混杂比的研究

为了得到适用于木结构加固用的最优性能的碳-芳 HFRP，南京海拓复合材料有限责任公司通过对不同混杂比的碳-芳 HFRP 性能的比较，最后试验选用综合性能最好的碳-芳为 2∶1 混杂比的混杂纤维布加固，相关材料的材性如表 3.1 所示。碳-芳 HFRP 名义厚度为 0.155mm。底胶、浸渍胶采用配套胶（Lica 建筑结构胶）。

表 3.1　纤维布材性

品种	拉伸强度/MPa	拉伸模量/MPa	延伸率/%
纯 AFRP	2267.70	137051.82	1.67
纯 CFRP	4274.83	278377.87	1.68
碳-芳 1∶1	3375.30	216904.40	1.70
碳-芳 1∶2	2635.50	191950.16	1.75
碳-芳 2∶1	3585.56	225962.22	2.20
碳-芳 3∶1	2966.02	192967.40	2.59

3.3　外贴碳-芳 HFRP 布加固木梁受弯性能研究

3.3.1　试验设计

我国传统木结构建筑承重用材主要选用松木和杉木，因此，本试验所用的木材是松木和杉木两种。试件分为未加固梁 4 根,加固梁(粘贴 1 层碳-芳 HFRP 布)4 根,加固梁(粘贴 2 层碳-芳 HFRP 布)4 根,其中松木和杉木均各 2 根。本书试件采用矩形截面简支梁,木梁的尺寸设计为长 1700mm,宽 100mm,高 150mm,有效长度为 1500mm。为研究受拉区碳-芳 HFRP 加固层数的影响,本书共设计了 4 组碳-芳 HFRP 加固木梁(松木和杉木均各 2 组),每组 2 根。为防止 FRP 发生剥离破坏,弯剪区均采用环形箍对受拉区加固层进行锚固。每个试件贴 6 个应变片(梁跨中截面位置两个侧面各贴 3 片)。图 3.1 和图 3.2 分别为未加固和加固试件的示意图。

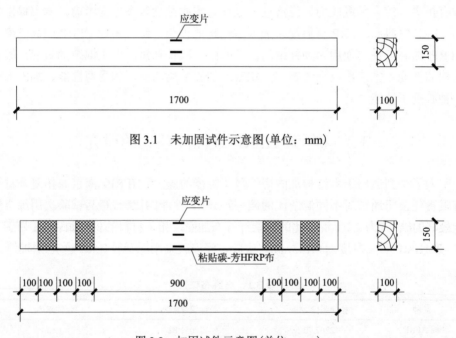

图 3.1　未加固试件示意图(单位:mm)

图 3.2　加固试件示意图(单位:mm)

本试验选用同一批次的木材,松木和杉木干燥后并且进行了加工处理。通过材性试验,得到松木试验材料的力学参数:顺纹抗拉强度 115.5MPa,顺纹抗压强度 44.8MPa,抗弯强度 116.8MPa,顺纹抗剪强度 8.4MPa,抗弯弹性模量 11978.6MPa;杉木试验材料的力学参数:顺纹抗拉强度 79.0MPa,顺纹抗压强度 28.0MPa,抗弯强度 79.1MPa,顺纹抗剪强度 3.9MPa,抗弯弹性模量 8837.4MPa。

本次试验的试件设计方案见表 3.2。

表 3.2　试件设计方案

木柱	木材种类	试件编号	加固方式
参照梁	松木	A1	未加固
	松木	A2	未加固
加固梁	松木	A3	粘贴 1 层碳-芳 HFRP 布
	松木	A4	粘贴 1 层碳-芳 HFRP 布
	松木	A5	粘贴 2 层碳-芳 HFRP 布
	松木	A6	粘贴 2 层碳-芳 HFRP 布
参照梁	杉木	A7	未加固
	杉木	A8	未加固
加固梁	杉木	A9	粘贴 1 层碳-芳 HFRP 布
	杉木	A10	粘贴 1 层碳-芳 HFRP 布
	杉木	A11	粘贴 2 层碳-芳 HFRP 布
	杉木	A12	粘贴 2 层碳-芳 HFRP 布

　　试验在南京航空航天大学土木工程试验室 2000kN 梁柱压力试验机上进行。加载方式为两点加载，由荷载分配梁来实现两点加载。在木梁各集中受力点垫上钢板以防止木梁被横向压坏。采用千斤顶进行分级加载，通过力传感器来显示每一级荷载。在正式加载之前，对测试仪表进行检查确保仪表工作正常，保证数据正确无误。梁的受压区被压皱褶前，每一级荷载增值为 5.0～8.0kN；梁被压皱褶后，每级荷载增值为 4.0～5.0kN；每级荷载持续时间为 3min。试验装置如图 3.3 所示。

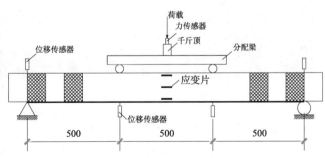

图 3.3　试验装置图(单位：mm)

　　试验量测的主要内容：在加载过程中，每加载一次，记录梁跨中位移、梁跨中截面上木纤维的应变，并观察和记录木梁的破坏情况。

3.3.2　试验现象

对于未加固的松木试件 A1、A2 和杉木试件 A7、A8：在荷载加至极限荷载的 30%～50%时，开始发出轻微响声；在荷载加至极限荷载的 50%～70%时，木梁跨中底部或受拉边一些缺陷(如节疤、斜理纹)处首先出现开裂；随着荷载的增大，木材断裂声变大，跨中底部裂缝沿梁长度和梁高度方向同时增大；达到极限荷载时，产生剧烈响声，木梁断裂，变形很大，发生脆性破坏。图 3.4 为未加固试件的破坏形态。

(a)试件 A1　　　　　　　　　　　　(b)试件 A2

(c)试件 A7　　　　　　　　　　　　(d)试件 A8

图 3.4　未加固试件的破坏形态

对于碳-芳 HFRP 布加固的松木试件 A3～A6：A3 在荷载加至极限荷载的 45%左右时，开始发出轻微响声；在荷载加至极限荷载的 65%左右时，木梁跨中底部出现开裂现象；随着荷载的增大，断裂声不时出现并且增大，裂缝沿梁长度和梁高度方向同时增大；达到极限荷载时，产生剧烈响声，木梁断裂，纤维布未拉断。A4 在荷载加至极限荷载的 45%左右时，开始发出轻微响声；随着荷载的增大，断裂声不时出现并且增大；在荷载加至极限荷载的 90%左右时，木梁上部受压处开始出现裂缝；随着荷载的增大，支座处环箍出现剥离破坏；达到极限荷载时，产生剧烈响声，木梁跨中底部断裂，且纤维布局部崩裂。A5 在荷载加至极限荷载的 65%左右时，开始发出轻微响声；随着荷载的增大，响声不时出现并且增大；达到极限荷载时，产生较大响声，跨中底部节疤处出现较大裂缝，纤维布基本未拉断。A6 在荷载加至极限荷载的 35%左右时，开始发出轻微响声；随着荷载的增大，响声不时出现并且增大；达到极限荷载时，产生剧烈响声，木梁跨中底部出现裂缝，并迅速沿水平向扩展至端部，局部纤维布出现脱落并有拉断现象，端部环箍纤维布部分损坏。

　　对于碳-芳 HFRP 布加固的杉木试件 A9～A12：　A9 在荷载加至极限荷载的 35%左右时，开始发出轻微响声；在荷载加至极限荷载的 60%左右时，木梁跨中底部出现开裂现象；随着荷载的增大，断裂声不时出现并且增大，裂缝沿梁长度和梁高度方向同时增大；达到极限荷载时，产生剧烈响声，木梁断裂，纤维布未拉断，端部环箍纤维布部分损坏。A10 在荷载加至极限荷载的 25%左右时，开始发出轻微响声；随着荷载的增大，断裂声不时出现并且增大；在荷载加至极限荷载的 75%左右时，木梁跨中开始出现水平裂缝；随着荷载的增大，支座处环箍出现局部破坏；达到极限荷载时，产生剧烈响声，木梁底部出现水平裂缝，裂缝纵向贯穿梁底部，纤维布未拉断。A11 在荷载加至极限荷载的 40%左右时，开始发出轻微响声；随着荷载的增大，响声不时出现并且增大；达到极限荷载时，产生剧烈响声，木梁底部出现水平裂缝，裂缝纵向贯穿梁底部，纤维布未拉断，端部环箍纤维布部分损坏。A12 在荷载加至极限荷载的 35%左右时，开始发出轻微响声；随着荷载的增大，响声不时出现并且增大；达到极限荷载时，产生剧烈响声，木梁底部出现水平裂缝，并迅速沿水平向扩展至端部，端部环箍纤维布部分损坏。图 3.5 为碳-芳 HFRP 布加固木梁试件的破坏形态。

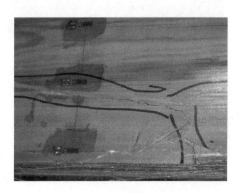

(a) 试件 A3　　　　　　　　　　　　　　　(b) 试件 A4

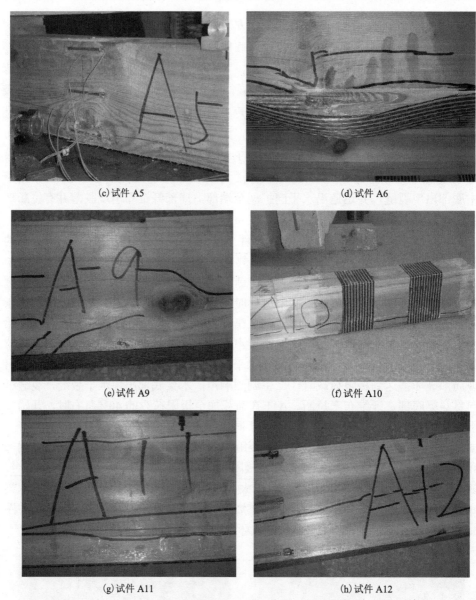

(c)试件 A5　　　　　　　　　　　(d)试件 A6

(e)试件 A9　　　　　　　　　　　(f)试件 A10

(g)试件 A11　　　　　　　　　　　(h)试件 A12

图 3.5　碳-芳 HFRP 布加固木梁试件的破坏形态

3.3.3　试验结果

1. 极限承载力

试验结果表明：木梁经碳-芳 HFRP 布粘贴加固后，其受弯承载力有了明显的提高，提高幅度在 18.1%～62.0%(松木)和 7.7%～29.7%(杉木)。具体试验结果见表 3.3。

表 3.3　具体试验结果(受弯承载力)

木柱	试件编号	FRP 层数	受弯承载力/(kN·m)	提高幅度/%
参照梁	A1	无	13.03	—
(松木)	A2	无	16.48	—
	A3	1	17.43	18.1
加固梁	A4	1	20.80	41.0
(松木)	A5	2	23.13	56.8
	A6	2	23.90	62.0
参照梁	A7	无	10.48	—
(杉木)	A8	无	11.85	—
	A9	1	12.65	13.3
加固梁	A10	1	12.03	7.7
(杉木)	A11	2	14.48	29.7
	A12	2	14.10	26.3

注：木梁极限承载力的提高程度是把加固梁与参照梁比较而言的。

2. 荷载-挠度曲线

图 3.6 为所有梁的荷载-挠度曲线。可以看出，所有梁的荷载与挠度基本呈线性关系，加固梁的极限荷载和挠度要比未加固梁的大一些。此外，加固梁的刚度也有一定程度的提高，对于松木试件，底部粘贴 1 层碳-芳 HFRP 布时，刚度约提高 13%，粘贴 2 层碳-芳 HFRP 布时，刚度约提高 21%。对于杉木试件，底部粘贴 1 层碳-芳 HFRP 布时，刚度约提高 6%，粘贴 2 层碳-芳 HFRP 布时，刚度约提高 10%。

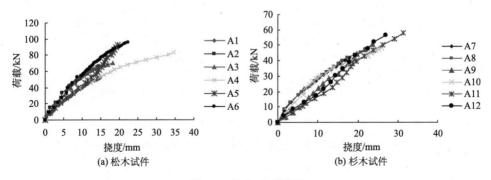

图 3.6　荷载-挠度曲线

3. 平截面假定的验证

　　图 3.7 为部分未加固梁和加固梁在跨中截面沿高度方向的应变分布。从图中可以看出，未加固梁和加固梁的应变沿高度方向的分布基本符合平截面假定，因此在计算和分析时可以把平截面假定作为一个基本假定。

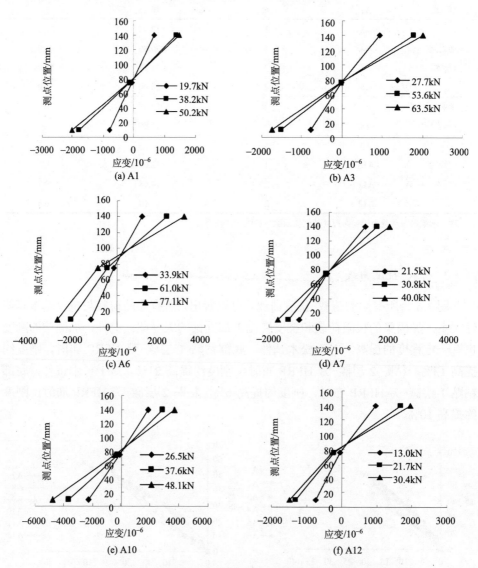

图 3.7　部分未加固梁和加固梁在跨中截面沿高度方向的应变分布

3.3.4　数值模拟

1. 有限元模型建立

试验试件的数量有限，无法进行更多情况下的数据分析，因此，本书采用有限元方法进一步对碳-芳 HFRP 布加固矩形木梁的受弯性能进行参数分析。在 ANSYS 中建立有限元模型，如图 3.8 所示。木材采用 Solid95 单元进行模拟，碳-芳 HFRP 布用 Solid95 单元模拟，根据试验结果可知，木梁和纤维布之间连接可靠，因此本次分析不考虑木梁与纤维布的黏结滑移。在计算前期对有限元网格进行了多次试算，最终确定了较为合理的有限元网格精度，模型共计 23 840 个 Solid95 单元。

图 3.8　碳-芳 HFRP 布加固矩形木梁受弯性能的有限元模型

由于木材是正交各向异性材料，有 L、R、T 三个方向的弹性模量、泊松比、剪切弹性模量共 9 个独立的弹性常数，参考本书进行的材性试验测得数据可设置表 3.4 所示木材的弹性参数。

表 3.4　木材弹性参数

木种	E_L/MPa	E_R/MPa	E_T/MPa	μ_{LT}	μ_{LR}	μ_{RT}	G_{LT}/MPa	G_{LR}/MPa	G_{RT}/MPa
松木	11 979	1198	599	0.1	0.1	0.35	719	898	216
杉木	8837	884	442	0.1	0.1	0.35	530	663	159

注：E 为弹性模量。G 为剪切弹性模量。μ_{ij} 是泊松比，由 j 方向压缩应变除以 i 方向拉伸应变得到；L 表示纵向；R 表示径向；T 表示弦向；RT 表示横截面；LR 表示直径截面；LT 表示切向截面。E，G 的单位是 MPa。

碳-芳 HFRP 布的破坏准则采用 Mises 屈服准则，木材的破坏准则采用广义 Hill 屈服准则。本书木材极限强度为清材小样试验测得，因此需要考虑天然缺陷影响系数、干燥缺陷影响系数、长期荷载影响系数和尺寸影响系数的影响。

2. 平截面假定验证

图 3.9 为经有限元计算得到梁在跨中截面沿高度方向的应变分布。从图中可以看出，加固梁的应变沿高度方向的分布基本符合平截面假定，这与试验结果保持一致。

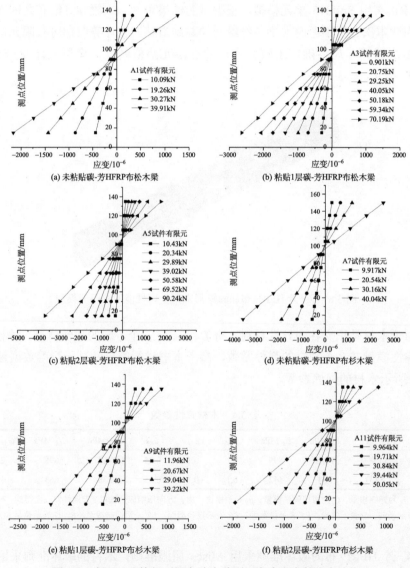

图 3.9　有限元计算得到梁在跨中截面沿高度方向的应变分布

3. 荷载–挠度曲线

图 3.10 为未加固木梁、粘贴 1 层碳-芳 HFRP 布的木梁、粘贴 2 层碳-芳 HFRP 布的木梁荷载–挠度曲线。表 3.5 为试验结果和有限元计算得出的极限荷载值的对比分析。

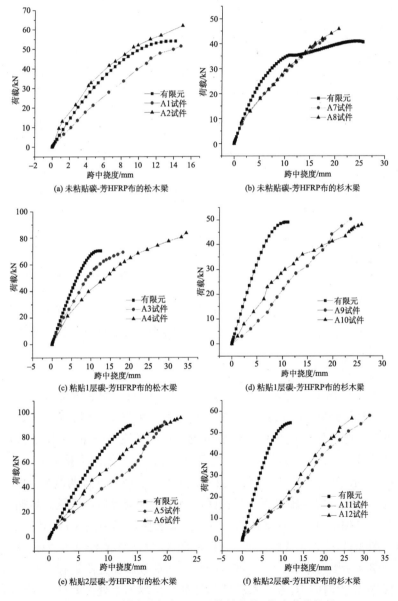

图 3.10　试验结果与有限元计算的荷载–挠度曲线比较

表 3.5　　试验结果与有限元计算得出的极限荷载值的对比分析

木梁	试件编号	受弯承载能力/(kN·m)	有限元与试验极限荷载误差/%
未加固 松木梁	A1	13.03	3.55
	A2	16.48	21.98
	有限元	13.51	—
1 层碳-芳 HFRP 布 加固松木梁	A3	17.43	0.91
	A4	20.80	18.25
	有限元	17.59	—
2 层碳-芳 HFRP 布 加固松木梁	A5	23.13	2.53
	A6	23.90	5.94
	有限元	22.56	—
未加固 杉木梁	A7	10.48	2.54
	A8	11.85	15.95
	有限元	10.22	—
1 层碳-芳 HFRP 布 加固杉木梁	A9	12.65	3.18
	A10	12.03	1.88
	有限元	12.26	—
2 层碳-芳 HFRP 布 加固杉木梁	A11	14.48	6.31
	A12	14.10	3.52
	有限元	13.62	—

由图 3.10 和表 3.5 可以看出，有限元计算的木梁荷载-位移曲线、极限承载力和试验结果相比，两者较为接近，因此可以认为误差在可以接受范围内。

4. 强度计算与分析

根据修正后模型，对未加固结构与 1 层纤维布加固后结构进行强度分析。图 3.11(a) 表示梁第一主应力分布云图，最大拉应力发生于梁底跨中，此时最大拉应力接近受拉强度极限；图 3.11(b) 表示梁的第三主应力分布云图，最大压应力发生于传递荷载的垫块区，及梁顶跨中受压区，此时最大压应力接近受压屈服强度；图 3.11(c) 表示梁的 Mises 应力分布云图，应力在近似中性轴两侧方向相反，中性轴以上为受压区，中性轴以下为受拉区，考虑塑性变形后，受压区域略大于受拉区域。图 3.11(d)～(f) 表示梁体的剪应力分布云图，其中图 3.11(d) 表示 XY 剪应力云图，图 3.11(e) 表示 XZ 剪应力云图，图 3.11(f) 表示 YZ 剪应力云图，从图中可知，梁整体所受 YZ 和 XZ 方剪力较小，在荷载施加处附近存在较大剪力，而 XY 方向存在较大剪应力，在两端荷载施加处与位移约束处之间分布接近剪切极限强度的剪应力场。图 3.11(g)～(i) 表示梁体的应变分布云图，其中图 3.11(g) 表示弹性应变云图，图 3.11(h) 表示塑性应变云图，图 3.11(i) 表示总应变云图，从图中可知，梁体发生不可忽略的塑性变形，塑性变形在荷载施加处附近较大；图 3.11(j) 为梁体的总体位移云图，从图中可知位移大小约为 2.4cm，分布较为均匀。

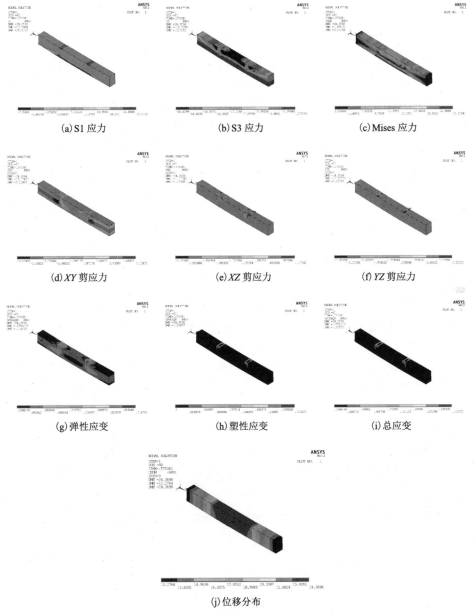

(a) S1 应力　　　　　　　(b) S3 应力　　　　　　(c) Mises 应力

(d) XY 剪应力　　　　　　(e) XZ 剪应力　　　　　(f) YZ 剪应力

(g) 弹性应变　　　　　　(h) 塑性应变　　　　　　(i) 总应变

(j) 位移分布

图 3.11　未加固木梁的有限元计算结果

图 3.12(a)表示碳-芳 HFRP 布加固木梁后第一主应力分布云图，最大拉应力发生于梁底跨中，此时最大拉应力未明显接近受拉极限强度；图 3.12(b)表示加固后梁第三主应力分布云图，最大压应力发生于梁顶跨中受压区，此时最大压应力更加接近受压屈服强度；图 3.12(c)表示加固后梁的 Mises 应力分布云图，加固后粘贴纤维布附近应力明显减小；图 3.12(d)～(f)表示梁体的剪应力分布云图，其中图 3.12(d)表示 *XY* 剪应力云图，图 3.12(e)表示 *XZ* 剪应力云图，图 3.12(f)表示 *YZ* 剪应力云图，从图中可知，梁整体所受 *XZ* 方向剪力较小，在荷载施加处附近存在较大剪力，而 *XY* 与 *YZ* 方向存在较大剪应力，在两端荷载施加处与位移约束处之间分布接近剪切极限强度的剪应力场，经过 U 形箍加固后的区域，剪应力明显减小；图 3.12(g)～(i)表示梁体的应变分布云图，其中图 3.12(g)表示弹性应变云图，图 3.12(h)表示塑性应变云图，图 3.12(i)表示总应变云图，从图中可知，加固后梁应变提高约 22.7%；图 3.12(j)为加固后梁体的总体位移云图，从图中可知加固后位移大小约为 1.15cm，梁体刚度明显提高。图 3.12(k)为纤维布的 Mises 应力云图，从图中可知最大应力约为 3590MPa，主要发生在 U 形箍底部搭接处，而整体纤维布平均应力仅在 1000MPa 以内，因此可以认为纤维布不会整体拉断，只会出现局部的撕裂。

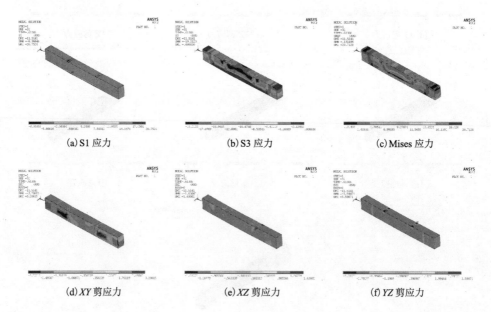

(a) S1 应力　　　　　　　　　(b) S3 应力　　　　　　　　　(c) Mises 应力

(d) *XY* 剪应力　　　　　　　　(e) *XZ* 剪应力　　　　　　　　(f) *YZ* 剪应力

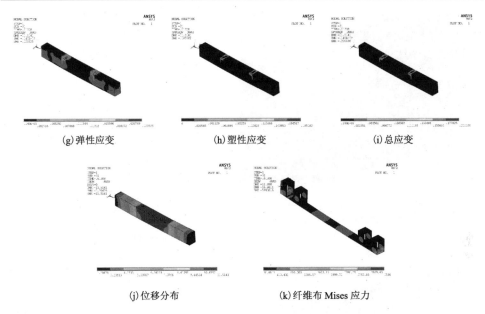

<table>
<tr><td>(g) 弹性应变</td><td>(h) 塑性应变</td><td>(i) 总应变</td></tr>
</table>

(j) 位移分布　　　　　　　　　　(k) 纤维布 Mises 应力

图 3.12　外贴 1 层碳-芳 HFRP 布加固木梁的有限元计算结果

5. 初始缺陷模拟

根据对多处木结构工地的现场考察，本章考虑了两种常见初始缺陷对承载力的影响：①古建筑经受长期荷载后，底部出现裂纹的情况：沿宽度方向的贯穿裂缝，裂缝深度为 50mm；②干缩开裂后产生的多道纵向裂缝：三道沿长度方向的非贯穿裂缝，裂缝长度为 50mm，裂缝深度为 10mm，裂缝位置为跨中截面隔 12.5mm 分布。

在三维裂纹分析软件 Franc3d（目前公认最好的裂纹计算与扩展软件）中，参考文献[12]使用最大周向应力准则进行断裂判断，为简化计算认为发生断裂时即构件失效，结合 ANSYS 进行计算，得到图 3.13 和图 3.14 所示的 Mises 应力云图与荷载位移曲线。

根据结果可以发现，初始缺陷①将使极限承载力变为原来的 22.9%，初始缺陷②使得极限承载力变为原来的 98.13%，两者均会略微降低原构件的刚度。事实上，实际现场的构件中常常存在不止一条裂纹，且数量较多，甚至出现多道通径裂缝，因此初始裂纹的存在会较大程度影响结构的极限承载力。因此，在使用过程中，应先对木梁的初始裂缝进行修补。

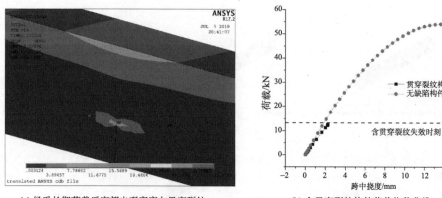

(a) 经受长期荷载后底部出现宽度向贯穿裂纹　　　(b) 含贯穿裂纹构件荷载位移曲线
临近破坏荷载时 Mises 应力云图

图 3.13　初始穿透裂纹对木梁构件极限荷载的影响

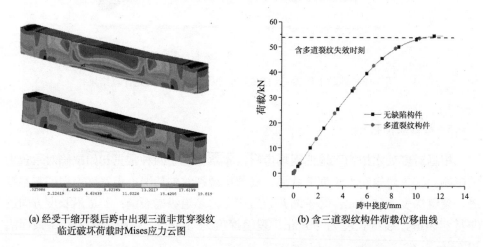

(a) 经受干缩开裂后跨中出现三道非贯穿裂纹　　　(b) 含三道裂纹构件荷载位移曲线
临近破坏荷载时 Mises 应力云图

图 3.14　初始非贯穿纵向裂纹对木梁构件极限荷载的影响

3.3.5　理论分析

1. 基本假定

承载力计算推导过程中采用的基本假定：①木梁受弯后，截面应变分布符合平截面假定；②木材材质均匀，无节疤、虫洞、裂缝等天然缺陷；③木材在拉、压、弯状态下的弹性模量相同；④木材在受拉时表现为线弹性，受压时表现为理想弹塑性；⑤碳-芳 HFRP 材料采用线弹性应力-应变关系；⑥达到受弯承载力极限状态之前，碳-芳 HFRP 与木材黏结可靠，不发生滑移，保持应变协调；⑦粘贴的碳-芳 HFRP 较薄，近似认为碳-芳 HFRP 中心离梁顶的距离与梁高相等。

2. 受弯承载力计算公式

由于试件在试验过程中的破坏现象基本为木材受拉边脆断破坏，顶部木材的压应变小于木材的极限压应变。参考相关文献[10]、[13]，由平截面假定、力学平衡方程和变形协调关系可得

$$c = \frac{f_{te}bh^2}{2E_f\dfrac{f_{te}}{E_t}A_f + 2f_{te}bh} \tag{3.1}$$

$$M_u = \frac{f_{te}bc^2}{3} + \alpha\frac{f_{te}E_fA_fc}{E_t} + \frac{f_{te}b(h-c)^3}{3c} \tag{3.2}$$

其中，c 为木梁截面受拉区高度；b 为木梁截面宽度；h 为木梁截面高度；f_{te} 为木材抗弯强度(MPa)；E_t 为木材抗弯弹性模量(MPa)；E_f 为混杂纤维布的弹性模量(MPa)；A_f 为混杂纤维布的面积(mm^2)；α 为考虑混杂纤维影响程度的经验系数；M_u 为木梁受弯承载力。

对试验数据进行回归分析，得到碳-芳 HFRP 布加固矩形木梁的受弯承载力计算公式[14]。

对于松木构件：

当粘贴 1 层碳-芳 HFRP 布时，$M_u = \dfrac{f_{te}bc^2}{3} + 4.79\dfrac{f_{te}E_fA_fc}{E_t} + \dfrac{f_{te}b(h-c)^3}{3c}$ （3.3）

当粘贴 2 层碳-芳 HFRP 布时，$M_u = \dfrac{f_{te}bc^2}{3} + 4.89\dfrac{f_{te}E_fA_fc}{E_t} + \dfrac{f_{te}b(h-c)^3}{3c}$ （3.4）

对于杉木构件：

当粘贴 1 层碳-芳 HFRP 布时，$M_u = \dfrac{f_{te}bc^2}{3} + 1.00\dfrac{f_{te}E_fA_fc}{E_t} + \dfrac{f_{te}b(h-c)^3}{3c}$ （3.5）

当粘贴 2 层碳-芳 HFRP 布时，$M_u = \dfrac{f_{te}bc^2}{3} + 1.46\dfrac{f_{te}E_fA_fc}{E_t} + \dfrac{f_{te}b(h-c)^3}{3c}$ （3.6）

3.4　外贴碳-芳 HFRP 布加固木梁受剪性能研究

3.4.1　试件设计

我国传统木结构建筑承重用材主要选用松木和杉木，因此，本试验所用的木材是松木和杉木两种。试件分为未加固梁 4 根，加固梁(粘贴 1 层碳-芳 HFRP 布) 4 根，加固梁(粘贴 2 层碳-芳 HFRP 布) 4 根，其中松木和杉木均各 2 根。本书共进

行了 12 根木梁粘贴碳-芳 HFRP 布加固受剪承载力的对比试验研究，试件尺寸为 100mm×150mm×1700mm，两端削弱处的尺寸为 40mm×150mm×300mm。其中 B1 和 B2、B7 和 B8 为未加固对比试件；B3 和 B4、B9 和 B10 分别在凹槽处粘贴两道 100mm 宽的 1 层纤维布环箍，B5 和 B6、B11 和 B12 分别在凹槽处粘贴两道 100mm 宽的 2 层纤维布环箍。图 3.15 和图 3.16 分别为未加固和加固试件的示意图。

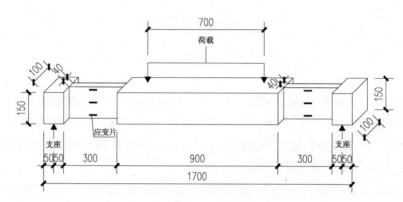

图 3.15　未加固试件示意图(单位：mm)

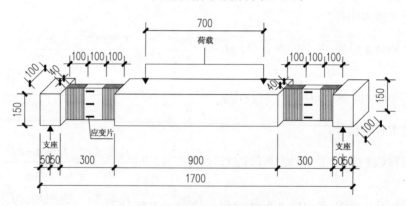

图 3.16　加固试件示意图(单位：mm)

本试验选用同一批次的木材，松木和杉木干燥后并且进行了加工处理。通过材性试验，得到松木试验材料的力学参数：顺纹抗拉强度 115.5MPa，顺纹抗压强度 44.8MPa，抗弯强度 116.8MPa，顺纹抗剪强度 8.4MPa，抗弯弹性模量 11978.6MPa；杉木试验材料的力学参数：顺纹抗拉强度 79.0MPa，顺纹抗压强度 28.0MPa，抗弯强度 79.1MPa，顺纹抗剪强度 3.9MPa，抗弯弹性模量 8837.4MPa。

本次试验的试件设计方案见表 3.6。

表 3.6　试件设计方案

木柱	木材种类	试件编号	加固方式	剪跨比
参照梁	松木	B1	未加固	1.5
	松木	B2	未加固	1.5
加固梁	松木	B3	粘贴 1 层碳-芳 HFRP 布	1.5
	松木	B4	粘贴 1 层碳-芳 HFRP 布	1.5
	松木	B5	粘贴 2 层碳-芳 HFRP 布	1.5
	松木	B6	粘贴 2 层碳-芳 HFRP 布	1.5
参照梁	杉木	B7	未加固	1.5
	杉木	B8	未加固	1.5
加固梁	杉木	B9	粘贴 1 层碳-芳 HFRP 布	1.5
	杉木	B10	粘贴 1 层碳-芳 HFRP 布	1.5
	杉木	B11	粘贴 2 层碳-芳 HFRP 布	1.5
	杉木	B12	粘贴 2 层碳-芳 HFRP 布	1.5

　　试验在南京航空航天大学土木工程试验室 2000kN 梁柱压力试验机上进行。加载方式为两点加载，由荷载分配梁来实现两点加载。采用千斤顶进行分级加载，通过力传感器来显示每一级荷载。在正式加载之前对试件进行预加载，之后缓慢加载直至木梁破坏。试验测量内容为梁跨中位移、剪跨区域内木纤维的应变，以及观察和记录木梁的破坏情况。所有数据均由数据采集仪自动记录。试验装置如图 3.17 所示。

图 3.17　试验装置图

　　试验量测的主要内容:在加载过程中，每加载一次，记录梁跨中位移、梁截面上木纤维的应变，并观察和记录木梁的破坏情况。

3.4.2　试验现象

对于未加固的松木试件 B1、B2 和杉木试件 B7、B8：在荷载加至极限荷载的 30%～45%时，开始发出轻微响声；在荷载加至极限荷载的 60%～80%时，木梁变截面处的中性轴附近首先出现水平裂缝；随着荷载的增大，木材断裂声变大，水平裂缝同时向两侧扩展；达到极限荷载时，产生剧烈响声，木梁断裂，变形很大，发生脆性破坏。图 3.18 为未加固试件的破坏形态。

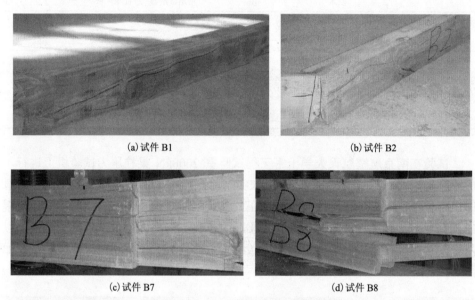

(a) 试件 B1　　　　　　　　　　　　　　(b) 试件 B2

(c) 试件 B7　　　　　　　　　　　　　　(d) 试件 B8

图 3.18　未加固试件的破坏形态

对于碳-芳 HFRP 布加固的松木试件 B3～B6：在荷载加至极限荷载的 30%～50%时，开始发出轻微响声；在荷载加至极限荷载的 60%～80%时，木梁变截面处的中性轴附近首先出现水平裂缝；随着荷载的增大，木材断裂声变大，水平裂缝向未加固部位扩展；达到极限荷载时，产生剧烈响声，木梁断裂，变形很大，发生脆性破坏。

对于碳-芳 HFRP 布加固的杉木试件 B9～B12：在荷载加至极限荷载的 30%～40%时，开始发出轻微响声；在荷载加至极限荷载的 50%～70%时，木梁变截面处的中性轴附近首先出现水平裂缝；随着荷载的增大，木材断裂声变大，水平裂缝向未加固部位扩展；达到极限荷载时，产生剧烈响声，木梁断裂，变形很大，发生脆性破坏。

图 3.19 为碳-芳 HFRP 布加固试件的破坏形态。

(a) 试件 B3

(b) 试件 B4

(c) 试件 B5

(d) 试件 B6

(e) 试件 B9

(f) 试件 B10

(g) 试件 B11

(h) 试件 B12

图 3.19 碳–芳 HFRP 布加固试件的破坏形态

3.4.3 试验结果

1. 极限承载力

试验结果表明：木梁经碳–芳 HFRP 布粘贴加固后，其受剪承载力有了明显的提高，提高幅度在 6.7%～109.2%(松木)和 12.4%～104.1%(杉木)。具体试验结果见表 3.7。

表 3.7 具体试验结果(受剪承载力)

木柱	试件编号	FRP 层数	受剪承载力/kN	提高幅度/%
参照梁	B1	无	14.7	—
(松木)	B2	无	13.6	—
	B3	1	15.1	6.7
加固梁	B4	1	17.6	24.4
(松木)	B5	2	29.6	109.2
	B6	2	27.1	91.5
参照梁	B7	无	9.1	—
(杉木)	B8	无	10.3	—
	B9	1	10.9	12.4
加固梁	B10	1	11.6	19.6
(杉木)	B11	2	18.7	92.8
	B12	2	19.8	104.1

注：木梁极限承载力的提高程度是把加固梁与参照梁比较而言的。

2. 荷载-应变曲线

图 3.20 为所有梁的荷载-应变曲线。可以看出，所有梁的荷载与应变基本呈线性关系，拉应变与压应变基本相等，加固梁的拉应变和压应变要比未加固梁的稍大一些。

3.4.4 数值模拟

1. 有限元模型建立

试验试件的数量有限，无法进行更多情况下的数据分析，因此，本书采用有限元方法进一步对碳-芳 HFRP 布加固矩形木梁的受剪性能进行参数分析。在 ANSYS 中建立有限元模型，如图 3.21 所示。木材采用 Solid95 单元进行模拟，碳-芳 HFRP 布用 Shell181 单元模拟，根据试验结果可知，木梁和纤维布之间连接可靠，因此本次分析不考虑木梁与纤维布的黏结滑移。在计算前期对有限元网格进行了多次试算，最终确定了较为合理的有限元网格精度。模型共计 20 100 个 Solid95 单元(木材)，1520 个 Shell181 单元。

木材是正交各向异性材料，有 L、R、T 三个方向的弹性模量、泊松比、剪切弹性模量共 9 个独立的弹性常数，参考本书进行的材性试验测得数据可设置表 3.8

所示木材的弹性参数。

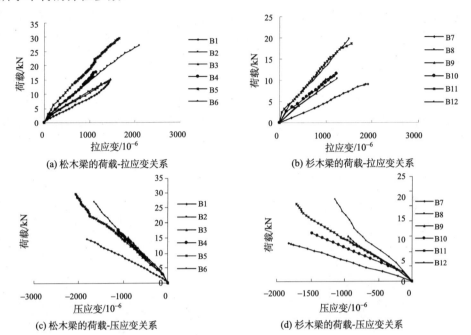

(a) 松木梁的荷载-拉应变关系

(b) 杉木梁的荷载-拉应变关系

(c) 松木梁的荷载-压应变关系

(d) 杉木梁的荷载-压应变关系

图 3.20　荷载-应变曲线

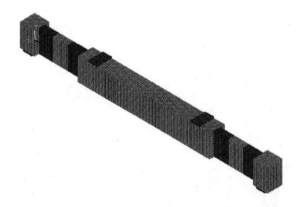

图 3.21　碳-芳 HFRP 布加固矩形木梁受剪性能的有限元模型

表 3.8　木材弹性参数

木种	E_L/MPa	E_R/MPa	E_T/MPa	μ_{LT}	μ_{LR}	μ_{RT}	G_{LT}/MPa	G_{LR}/MPa	G_{RT}/MPa
松木	11979	1198	599	0.1	0.1	0.35	719	898	216
杉木	8837	884	442	0.1	0.1	0.35	530	663	159

注：E 为弹性模量。G 为剪切弹性模量。μ_{ij} 是泊松比，由 j 方向压缩应变除以 i 方向拉伸应变得到；L 表示纵向；R 表示径向；T 表示弦向；RT 表示横截面；LR 表示直径截面；LT 表示切向截面。E，G 的单位是 MPa。

　　碳-芳 HFRP 布的破坏准则采用 Mises 屈服准则，木材的破坏准则采用广义 Hill 屈服准则。本书木材极限强度为清材小样试验测得，因此需要考虑天然缺陷影响系数、干燥缺陷影响系数、长期荷载影响系数和尺寸影响系数的影响。

　　2. 有限元模型验证

　　图 3.22 为未加固木梁、粘贴 1 层碳-芳 HFRP 布的木梁、粘贴 2 层碳-芳 HFRP 布的木梁的荷载-应变曲线。表 3.9 为试验结果和有限元计算得出的极限荷载值的对比分析。

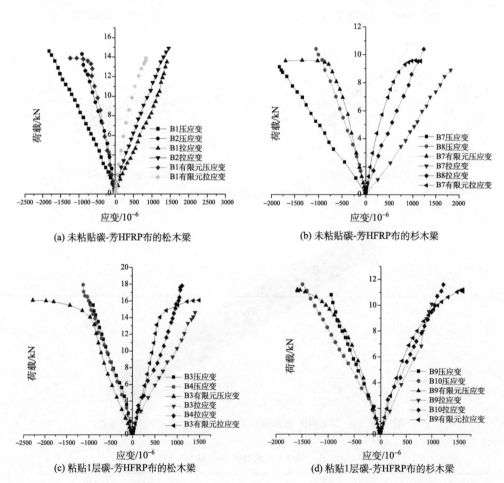

(a) 未粘贴碳-芳HFRP布的松木梁

(b) 未粘贴碳-芳HFRP布的杉木梁

(c) 粘贴1层碳-芳HFRP布的松木梁

(d) 粘贴1层碳-芳HFRP布的杉木梁

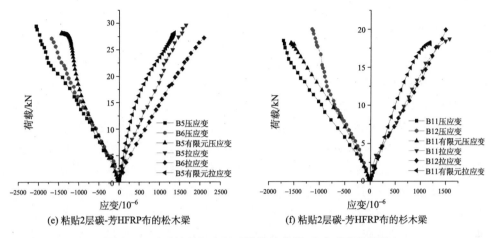

(e) 粘贴2层碳-芳HFRP布的松木梁　　　　　(f) 粘贴2层碳-芳HFRP布的杉木梁

图 3.22　试验结果与有限元计算的荷载-应变曲线的比较

表 3.9　试验结果与有限元计算得出的极限荷载值的对比分析

木梁	试件编号	受剪承载能力/kN	有限元与试验极限荷载误差/%
未加固 松木梁	B1	14.7	5.76
	B2	13.6	2.16
	有限元	13.9	—
1 层碳-芳 HFRP 布加固松木梁	B3	15.1	6.21
	B4	17.6	9.32
	有限元	16.1	—
2 层碳-芳 HFRP 布加固松木梁	B5	29.6	5.34
	B6	27.1	3.56
	有限元	28.1	—
未加固 杉木梁	B7	9.1	5.21
	B8	10.3	7.29
	有限元	9.6	—
1 层碳-芳 HFRP 布加固杉木梁	B9	10.9	2.68
	B10	11.6	3.57
	有限元	11.2	—
2 层碳-芳 HFRP 布加固杉木梁	B11	18.7	2.75
	B12	19.8	8.79
	有限元	18.2	—

由图 3.22 和表 3.9 可以看出，有限元计算的木梁荷载-应变曲线、极限承载力结果和试验结果相比，两者较为接近，因此可以认为误差在可以接受范围内。

3. 强度计算与分析

根据修正后的计算模型，对未加固构件与碳-芳 HFRP 加固后构件的强度进行分析。图 3.23(a)表示梁第一主应力分布云图，最大拉应力发生于梁底截面削弱处，此时最大拉应力接近受拉极限强度；图 3.23(b)表示梁的第三主应力分布云图，最大压应力发生于截面削弱梁顶处，此时最大压应力接近受压屈服强度；图 3.23(c)表示梁的 Mises 应力分布云图，最大应力发生于梁底截面削弱处。图 3.23(d)~(f)表示梁体的剪应力分布云图，其中图 3.23(d)表示 XY 剪应力云图，图 3.23(e)表示 XZ 剪应力云图，图 3.23(f)表示 YZ 剪应力云图，从图中可知，梁整体所受三向剪力均很大，其中 XY 方向为主要受剪方向，受剪区为截面削弱段，剪应力值接近受剪屈服强度, YZ 方向剪应力最大处发生于截面削弱段与约束段交界处，XZ 方向剪应力最大处发生于截面削弱段与跨中段交界处。图 3.23(g)~(i)表示梁体的应变分布云图，其中图 3.23(g)表示弹性应变云图，图 3.23(h)表示塑性应变云图，图 3.23(i)表示总应变云图，从图中可知，梁体发生不可忽略的塑性变形，塑性变形在截面削弱段与约束段交界处附近较大；图 3.23(j)为梁体的总体位移云图，从图中可知位移大小约为 8mm，分布较为均匀。

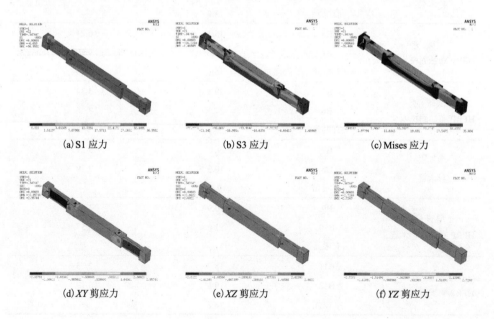

(a) S1 应力　　　　　　　　　(b) S3 应力　　　　　　　　(c) Mises 应力

(d) XY 剪应力　　　　　　　　(e) XZ 剪应力　　　　　　　(f) YZ 剪应力

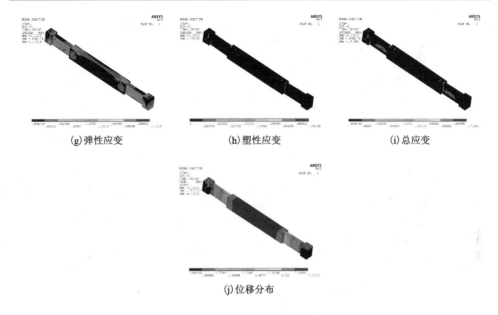

(g)弹性应变　　　　　　　(h)塑性应变　　　　　　　(i)总应变

(j)位移分布

图 3.23　未加固木梁的有限元计算结果

图 3.24(a)表示碳-芳 HFRP 加固木梁后第一主应力分布云图，最大拉应力发生于约束端附近；图 3.24(b)表示碳-芳 HFRP 加固后木梁第三主应力分布云图，最大压应力发生于梁顶截面削弱处；图 3.24(c)表示碳-芳 HFRP 加固后梁的 Mises 应力分布云图，图中表明加固后的受剪破坏较易发生于跨中段与削弱段交界面；图 3.24(d)～(f)表示梁体的剪应力分布云图，其中图 3.24(d)表示 XY 剪应力云图，图 3.24(e)表示 XZ 剪应力云图，图 3.24(f)表示 YZ 剪应力云图，从图中可知，各向剪应力分布与原先大致相同，但经加固后的区域剪应力明显减小，图 3.24(g)～(i)表示梁体的应变分布云图，其中图 3.24(g)表示弹性应变云图，图 3.24(h)表示塑性应变云图，图 3.24(i)表示总应变云图，从图中可知，加固后梁塑性应变显著提高，说明加固后的木材可以充分利用木材的塑性能力；图 3.24(j)为加固后梁体的总体位移云图，从图中可知加固后位移大小约为 2.33cm，这表明由于 U 形加固后，梁的极限承载力升高，因而允许了更大程度的变形。图 3.24(k)为纤维布的 Mises 应力云图，从图中可知最大应力约为 848MPa，主要发生在加固纤维布各面搭接处，因此采用纤维布加固时应该注意搭接处的局部加强。

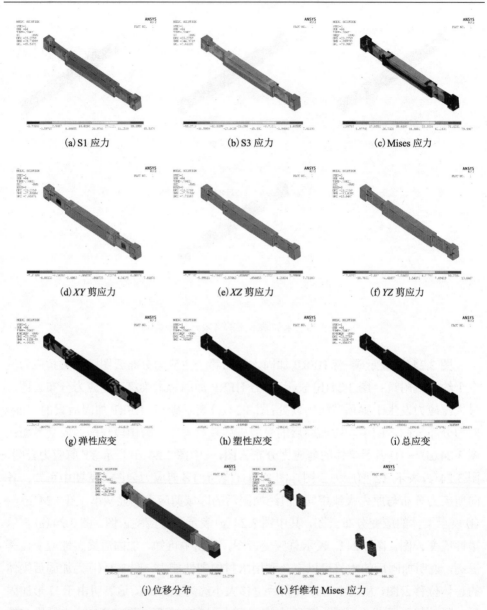

(a) S1 应力　　　　　　(b) S3 应力　　　　　　(c) Mises 应力

(d) XY 剪应力　　　　　(e) XZ 剪应力　　　　　(f) YZ 剪应力

(g) 弹性应变　　　　　　(h) 塑性应变　　　　　　(i) 总应变

(j) 位移分布　　　　　　(k) 纤维布 Mises 应力

图 3.24　外贴 1 层碳–芳 HFRP 布加固木梁后的有限元计算结果

4. 初始缺陷模拟

为比较不同位置的初始缺陷对结构承载力造成的影响，本章设计了两种不同的初始裂缝：①削弱区等间距分布的 6 道 150mm 长，100mm 宽椭圆横向贯穿裂缝；②非削弱区（与削弱区毗邻的拐角处）；间距分布的 6 道 R=25mm 的扇形裂缝。

在三维裂纹分析软件 Franc3d(目前公认最好的裂纹计算与扩展软件)中，采用虚拟裂纹闭合法进行应力强度因子计算，并使用最大周向应力准则进行断裂判断，为简化计算认为发生断裂时即构件失效，结合 ANSYS 进行计算，得到图 3.25 所示的 Mises 应力云图与荷载位移曲线。

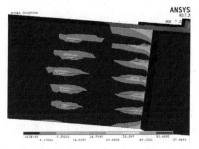
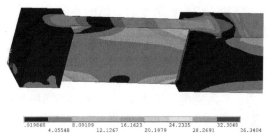

(a) 含削弱区裂纹有限元 Mises 应力云图　　　　(b) 含非削弱区裂纹有限元 Mises 应力云图

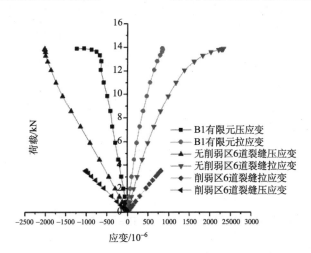

(c) 含裂纹有限元荷载应变曲线

图 3.25　不同位置裂纹对构件极限荷载的影响

根据结果可以发现，初始缺陷①将使极限承载力变为原来的 25.3%,初始缺陷②使极限承载力变为原来的 99.8%。由此可见同样的裂缝数量，削弱区的裂缝将显著降低构件的受剪承载力。因此，在使用过程中，应先对木梁的裂缝进行修补。

3.4.5　理论分析

(1)基本假定

承载力计算推导过程中采用的基本假定:①木材为匀质弹性体；②木材无节

疤、虫洞、裂缝等天然缺陷；③木材在拉、压、弯状态下的弹性模量相同；④碳-芳 HFRP 材料采用线弹性应力-应变关系；⑤碳-芳 HFRP 与木材黏结可靠，不发生滑移，保持应变协调。

(2) 受剪承载力计算公式

参考相关文献[15]、[16]，在考虑碳-芳 HFRP 对木梁受剪截面宽度 b、全截面惯性矩 I 和面积矩 S 的贡献的基础上，引入经验系数，得到碳-芳 HFRP 布加固矩形木梁的受剪承载力计算公式为

$$V = \frac{\alpha f_{v,n} I_n b_n}{S_n} \tag{3.7}$$

其中，V 为受剪承载力；α 为考虑不同树种和碳-芳 HFRP 影响程度的经验系数；$f_{v,n}$ 为碳-芳 HFRP 加固木梁的抗剪强度，可偏保守取 $f_{v,n}$ 为木材顺纹抗剪强度；b_n 为考虑碳-芳 HFRP 贡献的等效宽度，$b_n = b + 2tE_{FRP}/E_w = b + 2nt$，$b$ 为木梁截面宽度，n 为碳-芳 HFRP 与木材的弹性模量之比，t 为单侧碳-芳 HFRP 的厚度；I_n 为考虑 FRP 贡献的等效全截面惯性矩，$I_n = \left(bh^3 + 2tnh_{HFRP}^3\right)/12$，$h$ 为木梁截面高度，h_{HFRP} 为碳-芳 HFRP 高度，与木梁等高时 $h_{HFRP}=h$；S_n 为考虑碳-芳 HFRP 贡献的等效面积矩，$S_n = \left(bh^2 + 2tnh_{HFRP}^2\right)/8$。

对试验数据进行回归分析，得到碳-芳 HFRP 布加固矩形木梁的受剪承载力计算公式[17]。

对于松木构件：

当粘贴 1 层碳-芳 HFRP 布时，　　　　$V = 0.42\dfrac{f_{v,n} I_n b_n}{S_n}$ 　　　　(3.8)

当粘贴 2 层碳-芳 HFRP 布时，　　　　$V = 0.65\dfrac{f_{v,n} I_n b_n}{S_n}$ 　　　　(3.9)

对于杉木构件：

当粘贴 1 层碳-芳 HFRP 布时，　　　　$V = 0.60\dfrac{f_{v,n} I_n b_n}{S_n}$ 　　　　(3.10)

当粘贴 2 层碳-芳 HFRP 布时，　　　　$V = 0.88\dfrac{f_{v,n} I_n b_n}{S_n}$ 　　　　(3.11)

3.5　外贴碳-芳 HFRP 布加固木柱轴心受压性能研究

3.5.1　试验设计

我国传统木结构建筑承重用材主要选用松木和杉木，因此，本试验所用的木

材是松木和杉木两种。试件分为未加固柱 4 根,加固柱(粘贴 1 层碳-芳 HFRP 布)4 根,加固柱(粘贴 2 层碳-芳 HFRP 布)4 根,其中松木和杉木各 2 根。外贴纤维布的试件均为环向满贴,沿环向的搭接长度为 100mm。当采用多层纤维布时,各层纤维布的搭接位置要相互错开。为防止发生端部局部破坏,在粘贴主要受力纤维布之后,在上下端分别用同种纤维布粘贴 1 层 50mm 宽的环箍。每个试件贴 4 个应变片,其中两个纵向,两个横向,分别设置在木柱中部和环向碳-芳 HFRP 布的表面,以量测柱中截面的轴向压应变和横向拉应变。图 3.26 和图 3.27 分别为未加固和加固试件的示意图。

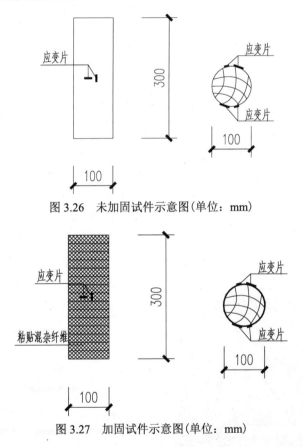

图 3.26　未加固试件示意图(单位:mm)

图 3.27　加固试件示意图(单位:mm)

本试验选用同一批次的木材,松木和杉木干燥后并且进行了加工处理。通过材性试验,得到松木试验材料的力学参数:顺纹抗拉强度 115.5MPa,顺纹抗压强度 44.8MPa,抗弯强度 116.8MPa,顺纹抗剪强度 8.4MPa,抗弯弹性模量 11978.6MPa;杉木试验材料的力学参数:顺纹抗拉强度 79.0MPa,顺纹抗压强度 28.0MPa,抗弯强度 79.1MPa,顺纹抗剪强度 3.9MPa,抗弯弹性模量 8837.4MPa。

本次试验的试件设计方案见表 3.10。

表 3.10　试件设计方案

木柱	木材种类	试件编号	FRP 布层数	试件直径/mm
参照柱	松木	C1	无	100
	松木	C2	无	100
加固柱	松木	C3	1 层	100
	松木	C4	1 层	100
	松木	C5	2 层	100
	松木	C6	2 层	100
参照柱	杉木	C7	无	100
	杉木	C8	无	100
加固柱	杉木	C9	1 层	100
	杉木	C10	1 层	100
	杉木	C11	2 层	100
	杉木	C12	2 层	100

　　加荷方案：试验在南京航空航天大学土木工程试验室 2000kN 梁柱压力试验机上进行。采用几何对中方法对中后，先进行预载对试验仪器和数据采集仪进行检验是否正常。正常后卸载至零，然后对试件重新从荷载为零时加载直至试件破坏。数据采集采用 TDS-602 计算数据采集仪。试验装置如图 3.28 所示。

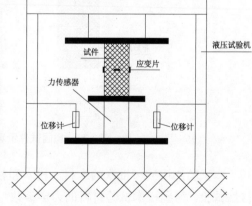

图 3.28　试验装置图

3.5.2　试验现象

对于未加固的松木试件 C1、C2 和杉木试件 C7、C8，在荷载加至极限荷载的 40%～60%时，开始发出吱吱的断裂声。随着荷载的增大，木材断裂逐渐增多，断裂声变大，达到极限荷载时，试件中部压溃，产生多条竖向裂缝，试件破坏。其中，C7 试件在破坏时，端部出现压皱现象。图 3.29 为未加固试件的破坏形态。

(a)试件 C1　　　　(b)试件 C2　　　　(c)试件 C7　　　　(d)试件 C8

图 3.29　未加固试件的破坏形态

对于混杂纤维加固的松木试件 C3～C6 和杉木试件 C9～C12，在荷载加至极限荷载的 40%～60%时，开始发出吱吱的断裂声。随着荷载的增大，木材断裂逐渐增多，断裂声变大，达到极限荷载时，试件中部纤维布环向发生断裂、剥离，试件破坏。其中，C5、C9、C12 试件在破坏时，端部出现压皱现象。图 3.30 为碳-芳 HFRP 加固试件的破坏形态。

(a)试件 C3　　　　(b)试件 C4　　　　(c)试件 C5　　　　(d)试件 C6

　　(e) 试件 C9　　　　　(f) 试件 C10　　　　　(g) 试件 C11　　　　　(h) 试件 C12

图 3.30　碳-芳 HFRP 加固试件的破坏形态

3.5.3　试验结果

1. 轴心受压承载力

　　试验结果表明：木柱经碳-芳 HFRP 布环向粘贴加固后，其轴心受压承载力有了明显的提高，提高幅度在 7.3%～16.8%(松木) 和 5.0%～16.9%(杉木)。由于木材力学性能的离散性，材料材质的好坏，以及加载方式的偏差对试验结果均有一定影响。具体试验结果见表 3.11。

表 3.11　具体试验结果(轴心受压承载力)

木柱	试件编号	FRP 层数	极限承载力/kN	提高幅度/%
参照柱	C1	无	276.5	—
(松木)	C2	无	273	—
	C3	1	294.8	7.3
加固柱	C4	1	300.1	9.2
(松木)	C5	2	320.8	16.8
	C6	2	312.7	13.8
参照柱	C7	无	250.5	—
(杉木)	C8	无	250.2	—
	C9	1	271.4	8.4
加固柱	C10	1	262.9	5.0
(杉木)	C11	2	277.8	11.0
	C12	2	292.7	16.9

　　注：木柱极限承载力的提高程度是把加固柱与参照柱比较而言的。

2. 荷载-应变曲线

试验结果表明：木柱经碳-芳 HFRP 布环向粘贴加固后，其峰值压应变有了明显的提高，提高幅度约在 8.9%～60.2%（松木）和 11.5%～56.8%（杉木）。圆木柱在轴心受压时，荷载-应变曲线基本是线性的，塑性变形较小，木柱的纵向压应变大于横向拉应变。具体试验结果见表 3.12 和图 3.31。

表 3.12　具体试验结果（极限压应变）

木柱	试件编号	FRP 层数	极限压应变/10^{-6}	提高幅度/%
参照柱	C1	无	4194	—
（松木）	C2	无	4072	—
	C3	1	4591	11.1
加固柱	C4	1	4500	8.9
（松木）	C5	2	6620	60.2
	C6	2	6319	52.9
参照柱	C7	无	3013	—
（杉木）	C8	无	2913	—
	C9	1	3603	21.6
加固柱	C10	1	3303	11.5
（杉木）	C11	2	4646	56.8
	C12	2	4235	42.9

注：木柱极限压应变的提高程度是将加固柱与参照柱比较而言的。

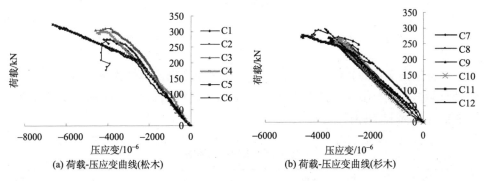

(a) 荷载-压应变曲线(松木)　　　(b) 荷载-压应变曲线(杉木)

图 3.31　荷载-压应变曲线

3.5.4　数值模拟

1. 有限元模型建立

试验试件的数量有限，无法进行更多情况下的数据分析，因此，本书采用有限元方法进一步对碳-芳 HFRP 布加固圆木柱的轴心受压性能进行参数分析。在 ANSYS 中建立有限元模型，如图 3.32 所示。木材采用 Solid95 单元进行模拟，碳-芳 HFRP 布用 Shell181 单元模拟，根据试验结果可知，木柱和纤维布之间连接可靠，因此本次分析不考虑木梁与纤维布的黏结滑移，且为了避免木材端部完全破坏导致 ANSYS 计算提前终止，将两端的单元屈服极限适当放大。在计算前期对有限元网格进行了多次试算，最终确定了较为合理的有限元网格精度。模型共计 18 000 个 Solid95 单元（木材），2400 个 Shell181 单元。

图 3.32　碳-芳 HFRP 布加固圆木柱轴心受压性能的有限元模型

木材是正交各向异性材料，有 L、R、T 三个方向的弹性模量、泊松比、剪切弹性模量共 9 个独立的弹性常数，参考本书进行的材性试验测得数据可设置表 3.13 所示木材的弹性参数。

表 3.13　木材弹性参数

木种	E_L/MPa	E_R/MPa	E_T/MPa	μ_{LT}	μ_{LR}	μ_{RT}	G_{LT}/MPa	G_{LR}/MPa	G_{RT}/MPa
松木	11979	1198	599	0.1	0.1	0.35	719	898	216
杉木	8837	884	442	0.1	0.1	0.35	530	663	159

注：E 为弹性模量。G 为剪切弹性模量。μ_{ij} 是泊松比 j 方向压缩应变除以 i 方向拉伸应变；L 表示纵向；R 表示径向；T 表示弦向；RT 表示横截面；LR 表示直径截面；LT 表示切向截面。E，G 的单位是 MPa。

碳-芳 HFRP 布的破坏准则采用 Mises 屈服准则，木材的破坏准则采用广义 Hill 屈服准则。本书木材极限强度为清材小样试验测得，因此需要考虑天然缺陷影响系数、干燥缺陷影响系数、长期荷载影响系数和尺寸影响系数的影响。

2. 有限元模型验证

图 3.33 为未加固木柱、粘贴 1 层碳-芳 HFRP 布的木柱与粘贴 2 层碳-芳 HFRP 布的木柱荷载-应变曲线。表 3.14 为试验和有限元计算得出的极限荷载值的对比分析。

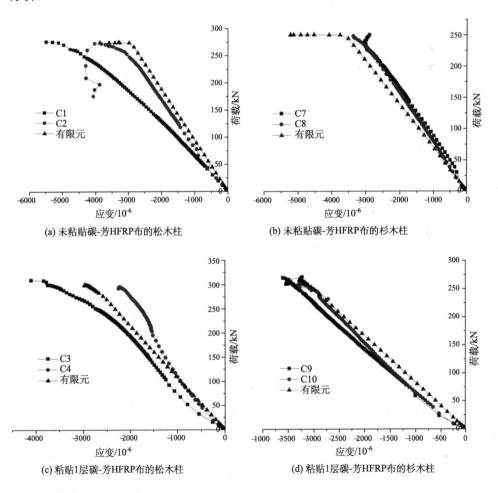

(a) 未粘贴碳-芳HFRP布的松木柱　　　　　(b) 未粘贴碳-芳HFRP布的杉木柱

(c) 粘贴1层碳-芳HFRP布的松木柱　　　　(d) 粘贴1层碳-芳HFRP布的杉木柱

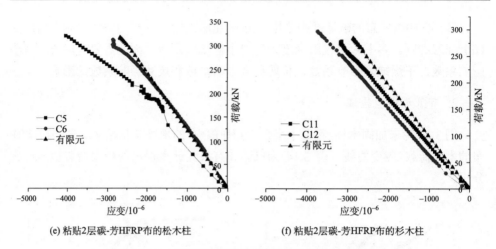

(e) 粘贴2层碳-芳HFRP布的松木柱　　　　　　(f) 粘贴2层碳-芳HFRP布的杉木柱

图 3.33　有限元计算和试验的荷载-应变曲线比较

表 3.14　试验和有限元计算得出的极限荷载值的对比分析

木梁	试件编号	受压承载能力/kN	有限元结果与试验极限荷载误差/%
未加固 松木柱	C1	276.5	0.47
	C2	273.0	0.80
	有限元	275.2	—
1 层碳-芳 HFRP 布 加固松木柱	C3	294.8	1.73
	C4	300.1	0.03
	有限元	300.0	—
2 层碳-芳 HFRP 布 加固松木柱	C5	320.8	1.04
	C6	312.7	1.51
	有限元	317.5	—
未加固 杉木柱	C7	250.5	0.08
	C8	250.2	0.20
	有限元	250.7	—
1 层碳-芳 HFRP 布 加固杉木柱	C9	271.4	1.42
	C10	262.9	1.76
	有限元	267.6	—
2 层碳-芳 HFRP 布 加固杉木柱	C11	277.8	2.08
	C12	292.7	3.17
	有限元	283.7	—

由图 3.33 和表 3.14 可以看出，有限元计算获得的木柱荷载-应变曲线、极限承载力和试验结果相比较为接近，因此可以认为模型误差在可以接受范围内。

3. 强度计算与分析

根据修正后的计算模型，对未加固结构与 1 层纤维布加固后结构进行强度分析。图 3.34(a) 表示柱体的第一主应力分布云图，由于木柱受压主要为压应力，因此第一主应力值较小，而最大拉应力出现位置即荷载施加与位移约束处，此外，距离底部约束约 100mm 处存在相对大的应力区，这是一定的屈曲效应导致的；图 3.34(b) 表示柱体的第三主应力分布云图，可以看出柱体受力处压应力较大，其余地方应力大致相等；图 3.34(c) 表示柱体的 Mises 应力分布云图，该分布情况与第三主应力分布情况类似，最大值相比 S3 略微减小；图 3.34(d)～(f) 表示柱体的剪应力分布云图，其中图 3.34(d) 表示 XY 剪应力云图，图 3.34(e) 表示 XZ 剪应力云图，图 3.34(f) 表示 YZ 剪应力云图，从图中可知，柱体整体剪应力较小；图 3.34(g)～(i) 表示柱体的应变分布云图，其中图 3.34(g) 表示弹性应变云图，图 3.34(h) 表示塑性应变云图，图 3.34(i) 表示总应变云图，从图中可知，柱体发生不可忽略的塑性变形，应变大小沿位移约束至荷载施加方向逐渐增大；图 3.34(j) 为柱体的总体位移云图，从图中可知位移大小约为 1mm，分布较为均匀。

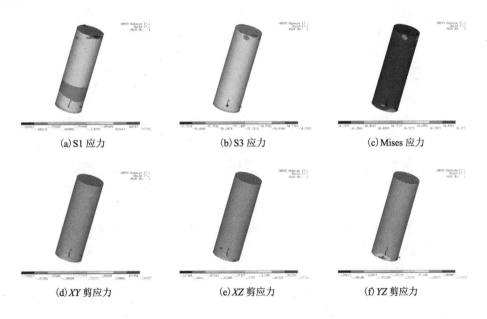

(a) S1 应力　　　　　　(b) S3 应力　　　　　　(c) Mises 应力

(d) XY 剪应力　　　　　(e) XZ 剪应力　　　　　(f) YZ 剪应力

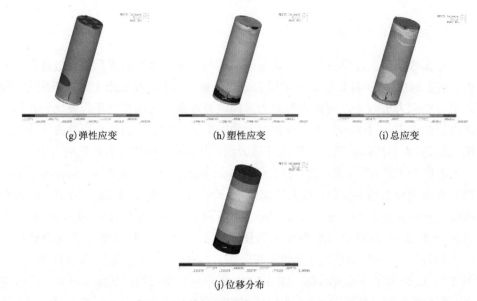

(g)弹性应变　　(h)塑性应变　　(i)总应变

(j)位移分布

图 3.34　未加固木柱的有限元计算结果

图 3.35(a)表示碳-芳 HFRP 加固木柱后的第一主应力分布云图，由于纤维布的约束，木柱的第一主应力值有所提高；图 3.35(b)表示柱体加固后的第三主应力分布云图，可以看出距离荷载施加处 100mm 左右为压应力变化分界线，由此线往位移约束处方向，压应力均匀分布为 35MPa 左右，由此分界线往荷载施加方向为压应力均匀递减区域，压应力最大处发生在荷载直接作用的位置；图 3.35(c)表示加固后柱体的 Mises 应力分布云图，该分布情况与第三主应力分布情况类似。图 3.35(d)～(f)表示柱体的剪应力分布云图，其中图 3.35(d)表示 XY 剪应力云图，图 3.35(e)表示 XZ 剪应力云图，图 3.35(f)表示 YZ 剪应力云图，从图中可知，由于纤维布的约束，考虑到纤维布与柱体间连接可靠，因此必然导致柱体外表面剪应力提高，应力最大处发生在靠近荷载处的纤维布与木柱连接处，最大应力约为 3.3MPa，该值已接近木材的极限受剪值，因此需要着重注意纤维布和木材之间的连接可靠度。图 3.35(g)～(i)表示加固后柱体的应变分布云图，从图中可知，柱体发生不可忽略的塑性变形，且三种应变分布均类似于 S3 应力分布，应变值相比未加固柱有了显著提高；图 3.35(j)为柱体的总体位移云图，从图中可知位移大小约为 2mm，分布较为均匀，相比未加固柱提高近一倍；图 3.35(k)为纤维布的 Mises 应力云图，从图中可知最大应力约为 1700MPa，远小于纤维布极限抗拉值。

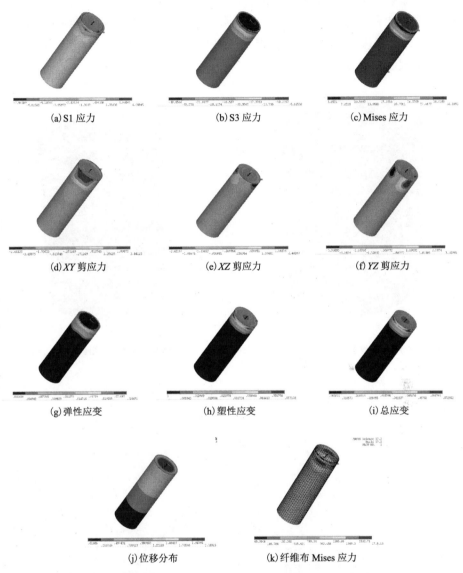

(a) S1 应力　　　　　　　(b) S3 应力　　　　　　　(c) Mises 应力

(d) *XY* 剪应力　　　　　　(e) *XZ* 剪应力　　　　　　(f) *YZ* 剪应力

(g) 弹性应变　　　　　　　(h) 塑性应变　　　　　　　(i) 总应变

(j) 位移分布　　　　　　　　　　　(k) 纤维布 Mises 应力

图 3.35　外贴 1 层碳-芳 HFRP 布加固木柱的有限元计算结果

4. 初始缺陷模拟

为比较不同间距的初始缺陷对结构承载力造成的影响,本章设计了两种不同的初始裂缝:①间距 10mm 分布的 3 道 100mm 长,10mm 宽纵向裂缝;②间距 30mm 分布的 3 道 100mm 长,10mm 宽纵向裂缝。

在三维裂纹分析软件 Franc3d(目前公认最好的裂纹计算与扩展软件)中，采用虚拟裂纹闭合法进行应力强度因子计算，并使用最大周向应力准则进行断裂判断，为简化计算认为发生断裂时即构件失效，结合 ANSYS 进行计算，得到图 3.36 所示的荷载应变曲线。

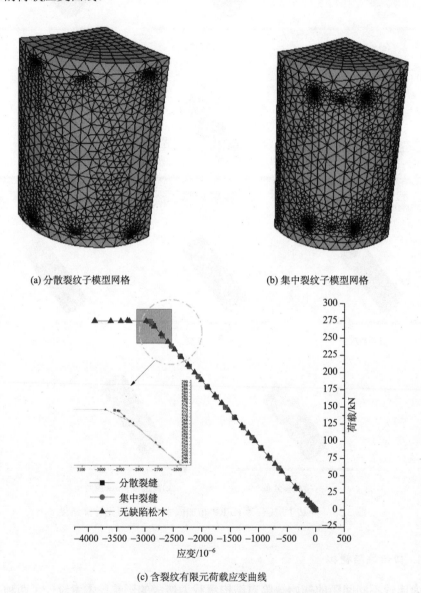

(a) 分散裂纹子模型网格　　　　　　　　(b) 集中裂纹子模型网格

(c) 含裂纹有限元荷载应变曲线

图 3.36　不同间距裂纹对构件极限荷载的影响

根据结果可以发现，初始缺陷①将使极限承载力变为原来的 99.45%,初始缺陷②使极限承载力变为原来的 99.61%。由此可见，裂缝数目一定时，越靠近对结构的损伤就越大。

3.5.5　理论分析

用碳-芳 HFRP 布加固圆木柱，由于泊松效应、木材横向膨胀，混杂纤维布沿环向张紧，产生径向约束力，提高木柱轴心抗压强度。考虑环向碳-芳 HFRP 布对构件抗压强度的贡献，建议碳-芳 HFRP 布加固圆木柱的轴心受压承载力计算采用下面公式[18]：

$$f_{wc} = f_{w0} + \alpha f_{w0} \left(\frac{2f_\theta t_\theta}{df_{w0}} \right)^{0.7} \tag{3.12}$$

其中，f_{wc} 为约束木材的极限抗压强度(MPa)；f_{w0} 为无约束木材的极限抗压强度(MPa)；f_θ 为碳-芳 HFRP 布的极限抗拉强度(MPa)；t_θ 为环向纤维布的名义厚度(mm)；d 为圆木柱的直径(mm)。

对试验数据进行回归分析，得到碳-芳 HFRP 布加固圆木柱的轴心受压承载力计算公式[19]。

对于松木构件：

当环向粘贴 1 层碳-芳 HFRP 布时，　$f_{wc} = f_{w0} + 0.185 f_{w0} \left(\frac{2f_\theta t_\theta}{df_{w0}} \right)^{0.7}$ 　(3.13)

当环向粘贴 2 层碳-芳 HFRP 布时，　$f_{wc} = f_{w0} + 0.341 f_{w0} \left(\frac{2f_\theta t_\theta}{df_{w0}} \right)^{0.7}$ 　(3.14)

对于杉木构件：

当环向粘贴 1 层碳-芳 HFRP 布时，　$f_{wc} = f_{w0} + 0.140 f_{w0} \left(\frac{2f_\theta t_\theta}{df_{w0}} \right)^{0.7}$ 　(3.15)

当环向粘贴 2 层碳-芳 HFRP 布时，　$f_{wc} = f_{w0} + 0.291 f_{w0} \left(\frac{2f_\theta t_\theta}{df_{w0}} \right)^{0.7}$ 　(3.16)

3.6　本 章 小 结

本章通过对碳-芳 HFRP 布加固木梁受弯和受剪性能、木柱受压性能的试验研究，结合理论分析，给出了相应的承载力计算公式。

(1)和未加固试件相比，木梁经碳-芳 HFRP 布粘贴加固后，其受弯承载力有了一定的提高，受弯承载力提高幅度在 18.1%~62.0%(松木)和 7.7%~29.7%(杉木)；碳-芳 HFRP 布受弯加固木梁试件的刚度提高幅度在 13%~21%(松木)和 6%~10%(杉木)。

(2)和未加固试件相比，木梁经碳-芳 HFRP 布粘贴加固后，其受剪承载力有了明显的提高，提高幅度在 6.7%~109.2%(松木)和 12.4%~104.1%(杉木)。粘贴 2 层碳-芳 HFRP 布的试件加固效果相对较显著。

(3)相比未加固木柱试件，木柱经碳-芳 HFRP 布环向粘贴加固后，其轴心抗压强度和峰值压应变有了明显的提高，轴心抗压强度提高幅度约在 7.3%~16.8%(松木)和 5.0%~16.9%(杉木)；峰值压应变提高幅度约在 8.9%~60.2%(松木)和 11.5%~56.8%(杉木)。

(4)通过定量计算常见初始裂缝，得出初始裂纹存在情况下，木梁极限受弯承载力会分别变为原来的 22.9%~98.13%，并对刚度有一定程度的削弱作用，因此，在木梁使用前，应先对木梁裂缝进行修补。

(5)在工程设计和施工时，尽量避免将节疤、斜理纹等缺陷放置在木梁的受拉边。端部 U 形箍等锚固措施至关重要，能保证混杂纤维布与木梁协同工作，使混杂纤维布充分发挥作用。

(6)木梁受剪破坏容易发生在截面中性轴位置；且裂缝的不同位置将导致不同程度的承载力削减，越是受力薄弱区域越应避免存在裂缝。因此，在工程设计和施工时，尽量避免将节疤、斜理纹等缺陷放置在木梁的中性轴位置。

参 考 文 献

[1] Blass H J, Romani M. Investigations of the load carrying behaviors of composite glued laminated timber beams reinforced with fiber reinforced plastic[J]. Holz als Roh-und Werkstoff, 2001, 59(5): 364-373.

[2] Plevris N, Triantafillou T C. Creep behavior of FRP-reinforced wood members[J]. Journal of Structural Engineering, 1995, 121(2): 174-186.

[3] Taheri F, Nagaraj M, Cheraghi N. FRP-reinforced gluelaminated columns[J]. FRP International, 2005, 2(3): 10-12.

[4] Dagher H J, Kimball T E, Shaler S M, et al. Effect of FRP reinforcement on low grade eastern hemlock glulams[C].Proceedings of 1996 National Conference on Wood Transportation Structures, Madison, 1996: 207-214.

[5] Brunner M, Schnueriger M. Timber beams strengthened by attaching prestressed carbon FRP laminates with a gradiented anchoring device[C]. Proceedings of the International Symposium on Bond Behavior of FRP in Structures, Hong Kong, 2005: 465-471.

[6] Triantafillou T C. Shear reinforcement of wood using FRP materials[J]. Journal of Materials in Civil Engineering, 1997, 9(2): 64-69.

[7] Hay S, Thiessen K, Svecova D, et al. Effectiveness of GFRP sheets for shear strengthening of wood[J]. Journal of Composites for Construction, 2006, 10:91-483.

[8] 马建勋, 胡平. 碳纤维布加固木柱轴心受压性能试验研究[J]. 工业建筑, 2005, 35(8):40-44.

[9] 周钟宏, 刘伟庆. 碳纤维布加固木柱的轴心受压试验研究[J]. 工程抗震和加固改造, 2006, 28(3):44-48.

[10] 杨会峰, 刘伟庆, 邵劲松, 等. FRP 加固木梁的受弯性能研究[J]. 建筑材料学报, 2008, 11(5):591-597.

[11] 王鲲. 碳纤维增强材料(CFRP)加固古建筑木结构试验研究[D]. 西安: 西安建筑科技大学, 2007.

[12] Chun Q, Zhang C W, Jia X H. Comparative research on calculation methods of stress intensity factors and crack propagation criterion[C]. Proceedings of the 7th International Conference on Fracture Fatigue and Wear, Ghent, 2018:202-209.

[13] 王增春, 南建林, 王锋. CFRP 增强预弯木梁抗弯承载力计算方法[J]. 建筑科学, 2007, 23(9):7-11.

[14] 淳庆, 潘建伍, 包兆鼎. 碳-芳混杂纤维布加固木梁抗弯性能试验研究[J]. 东南大学学报 (自然科学版), 2011, 41(1):168-173.

[15] 许清风, 朱雷. FRP 加固木结构的研究进展[J]. 工业建筑, 2007, 37(9):104-108.

[16] Triantafillou T C. Composites: A new possibility for the shear strengthening of concrete, masonry and wood[J]. Composites Science and Technology, 1998, 58:1285-1295.

[17] 淳庆, 潘建伍. 碳-芳混杂纤维布加固木梁抗剪性能分析[J]. 解放军理工大学学报(自然科学版), 2011, 12(6):654-658.

[18] Cusson D, Paultre P. Stress-strain model for confined high-strength concrete[J]. Journal of Structural Engineering, 1995, 121(3):468-477.

[19] 淳庆, 潘建伍. 碳-芳混杂纤维布加固木柱轴心抗压性能试验研究[J]. 建筑材料学报, 2011, 14(3):427-431.

第4章 内嵌 CFRP 板(筋)材加固木结构受力
性能研究

4.1 引　言

外贴 FRP 加固木结构技术适用于混水油漆面的木结构构件保护中,但不适用于清水面的木结构构件保护中,而内嵌 FRP 加固木结构技术则能很好地适用于清水面的木结构构件保护。目前在内嵌 FRP 加固木结构构件方面,我国还没有相关规范和规程,王林安等[1]对应县木塔横纹承压构件采用 GFRP 筋增强加固,短期荷载试验结果表明 GFRP 筋增强横纹承压组合木结构的横纹承压承载力能提高四倍以上,刚度有所增加,其延性得到很大改善。在国外,尤其在加拿大和意大利,对嵌入式 FRP 板(筋)加固修复木结构进行了一些研究,但主要针对胶合木结构。de Lorenzis 等[2]研究了 CFRP 筋与胶合木之间的界面黏结性能,建立了局部黏结滑移模型和 CFRP 筋锚固深度的函数,获得了加固节点极限承载力的数值解,CFRP 筋改善了胶合木的延性,加固效果又快又好。

本章将系统地对内嵌 CFRP 加固木结构构件受力性能进行研究,包括内嵌 CFRP 板加固木梁受弯性能、内嵌 CFRP 板加固木柱轴心受压性能、内嵌 CFRP 筋加固木梁受弯性能和内嵌 CFRP 筋加固木柱轴心受压性能的研究,从材料力学角度出发基于基本假定建立理论分析模型,并在此模型基础上分析试件的破坏模式进而推导出能够满足实际工程要求的加固设计公式。此外,结合本次试验,提出了 CFRP 板(筋)材加固木构件的数值分析模型,并从数值分析的角度论述该种加固方式的优越性与合理性,最后对各加固前后试件进行强度分析与计算。

4.2 内嵌 CFRP 板(筋)材加固木梁受弯性能研究

4.2.1 试验设计

我国传统木结构建筑的承重用材主要是以杉木和松木为主,本次试验研究同时采用两种木材,通过在受拉区布置 CFRP 材料能够发挥纤维材料的优势,起到加固效果。为了对比两种常用的嵌入材料——板材和筋材的加固效果,在试验中设置了两种不同的加固材料。基于国外少量的研究成果发现,可能会因为加筋量的不同出现不同的破坏模式，所以在设计试验时设置不同的加筋率，一是观察不同加筋率下的力学性能，看其加固性能随着加筋率的增加呈现何种特点；二是观察是否会出现破坏模式的改变。基于以上的想法，进行了以下的试验。

试验构件一共分为三种，分为未加固试件、CFRP 板材加固试件和 CFRP 筋材加固试件。试验构件详情见表 4.1 和表 4.2。其中对比试件为未经任何加固处理的矩形木梁；加固试件的加固形式为木梁底面嵌入 CFRP 板(筋)材加固。为了解试验过程中试验木梁应力情况，在跨中沿着木梁的高度方向粘贴应变片，并在木梁的跨中和支座处布置位移计以记录木梁的宏观变形情况。具体试验加载方案和试验构件截面见图 4.1 和图 4.2。

表 4.1　杉木木梁试件

试件分类	加固情况	试件编号
未加固	无	FB0Ba、FB0Bb
CFRP 板材加固	梁底内嵌 1.4mm×30mm CFRP 板材(木槽 15mm×30mm)	FH1Da、FH1Db
	梁底内嵌 1.4mm×60mm CFRP 板材(木槽 15mm×60mm)	FH2Da、FH2Db
	梁底内嵌 2.8mm×30mm CFRP 板材(木槽 15mm×30mm)	FH3Da、FH3Db
	梁底内嵌 2.8mm×60mm CFRP 板材(木槽 15mm×60mm)	FH4Da、FH4Db
CFRP 筋材加固	梁底内嵌 1 根 ϕ6mm CFRP 筋材(木槽 15mm×15mm)	FH1Fa、FH1Fb
	梁底内嵌 1 根 ϕ8mm CFRP 筋材(木槽 15mm×15mm)	FH2Fa、FH2Fb

表 4.2　松木木梁试件

试件分类	加固情况	试件编号
未加固	无	PB0Ba、PB0Bb
CFRP 板材加固	梁底内嵌 1.4mm×30mm CFRP 板材(木槽 15mm×30mm)	PH1Da、PH1Db
	梁底内嵌 1.4mm×60mm CFRP 板材(木槽 15mm×60mm)	PH2Da、PH2Db
	梁底内嵌 2.8mm×30mm CFRP 板材(木槽 15mm×30mm)	PH3Da、PH3Db
	梁底内嵌 2.8mm×60mm CFRP 板材(木槽 15mm×60mm)	PH4Da、PH4Db
CFRP 筋材加固	梁底内嵌 1 根 ϕ6mm CFRP 筋材(木槽 15mm×15mm)	PH1Fa、PH1Fb
	梁底内嵌 1 根 ϕ8mm CFRP 筋材(木槽 15mm×15mm)	PH2Fa、PH2Fb

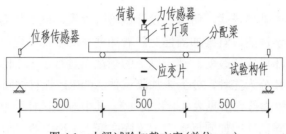

图 4.1　木梁试验加载方案(单位:mm)

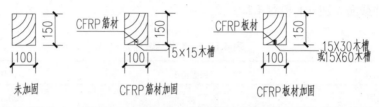

图 4.2　三类不同试验构件截面(单位:mm)

　　本试验所用的木材是松木(TC15A)和杉木(TC11A)两种。松木试验材料的物理力学参数：顺纹抗拉强度 132.90MPa，顺纹抗压强度 42.78MPa，抗弯强度 64.31MPa，顺纹抗剪强度 8.70MPa，抗弯弹性模量 12 204.50MPa，含水率 12%±1%；杉木试验材料的物理力学参数：顺纹抗拉强度 78.84MPa，顺纹抗压强度 39.23MPa，抗弯强度 71.98MPa，顺纹抗剪强度 4.94MPa，抗弯弹性模量 10 263.00MPa，含水率 12%±1%。

　　CFRP 板的抗拉强度标准值为 2.6GPa，拉伸弹性模量为 180GPa，伸长率为 1.8%。结构胶采用配套结构胶。CFRP 筋的抗拉强度标准值为 2064MPa，拉伸弹性模量为 90.8GPa，弯曲强度标准值为 1823MPa，弯曲弹性模量为 85.8GPa，结构胶采用爱劳达结构胶。

　　试验在南京航空航天大学航空学院土木工程系试验室梁柱试验机上进行。由 DH3816 静态应变采集仪进行应变数据采集。加载方式为四点加载，在木梁各集中受力点垫上钢板以防止木梁被横向压坏。加载时采用千斤顶进行分级加载，通过力传感器来显示每一级荷载。在正式加载之前，对测试仪表进行检查确保仪表工作正常，保证数据正确无误。梁的受压区被压皱褶前，每一级荷载增值约为 5.0kN；梁被压皱褶后，每级荷载增值约为 2.0kN；每级荷载持续时间为 3min。加载装置见图 4.3。

图 4.3　木梁加载装置

4.2.2　试验现象

1. 杉木梁

1)未加固试件

FB0Ba 和 FB0Bb 试件在加载至极限荷载 45%～50%开始出现轻微的响声,但木梁表面并没有出现肉眼可以观察到的裂缝和损坏;继续加载,出现一些连续细微的劈裂声,加载点处局部木纤维被压溃;荷载加载至接近极限荷载时出现较大的劈裂声,此时木梁跨中底部或受拉边一些缺陷(如节疤、斜理纹)处首先出现开裂;加载至接近极限荷载时,出现连续较大的劈裂声,最后在一声巨响下,木梁底部跨中位置木纤维拉断,试件破坏。破坏情况详见图 4.4(a)和图 4.4(b)。

(a)FB0Ba　　　　　　　　　　　　　　　(b)FB0Bb

图 4.4　未加固杉木梁的破坏形态

2) CFRP 板材加固试件

FH1Da、FH3Da 试件在加载至极限荷载 55%～70%开始出现细微的响声,但木梁表面并没有出现肉眼可以观察到的裂缝和损坏;继续加载,出现连续的一些劈裂声,加载点处局部木纤维被压溃;加载至接近极限荷载时,突然毫无征兆出现一声巨响,木梁截面中部处沿木梁长度方向发生剪切错位,试件破坏。破坏情况详见图 4.5(a)和图 4.5(e)。

FH1Db、FH2Da、FH4Da 和 FH4Db 试件在加载至极限荷载 65%～80%才开始出现细微的劈裂声;但木梁表面并没有出现肉眼可以观察到的裂缝和损坏;继续加载,出现多次的细微劈裂声,此时木梁跨中底部和受拉边一些缺陷(如节疤、斜理纹)处首先出现开裂;加载至接近极限荷载时,木梁不断出现劈裂响声,并伴有跨中底部少量结构胶的开裂,但未见明显板材剥离的现象;随后木梁底部木纤维拉断,试件破坏。破坏情况分别见图 4.5(b)、图 4.5(c)、图 4.5(g)和图 4.5(h)。

FH2Db 试件在加载过程中并没有出现响声;加载至 37kN 左右,木梁突然出现劈裂响声,并伴有跨中底部结构胶的开裂,随后木梁跨中底部木纤维拉断,试件破坏。破坏情况详见图 4.5(d)。

FH3Db 试件在加载至极限荷载前除了有较大的变形,并没有较为明显的响声和裂缝的产生;加载至 62kN 时,木梁突然破坏,且发出较大声响,但未见明显板材剥离的现象,位于梁截面 1/2 高度处出现沿着木梁长度方向的剪切错位,试件破坏。破坏情况详见图 4.5(f)。

3) CFRP 筋材加固试件

FH1Fa 和 FH2Fa 试件在加载至极限荷载 70%左右开始出现一些细微的劈裂声;继续加载,不断出现劈裂声和一些裂缝;加载至接近极限荷载时,木梁突然出现大的劈裂响声,并伴有跨中底部少量结构胶的开裂,随后木梁跨中底部和靠近底部木纤维拉断,试件破坏。破坏情况详见图 4.6(a)和图 4.6(c)。

(a) FH1Da　　　　　　　　　　　　　(b) FH1Db

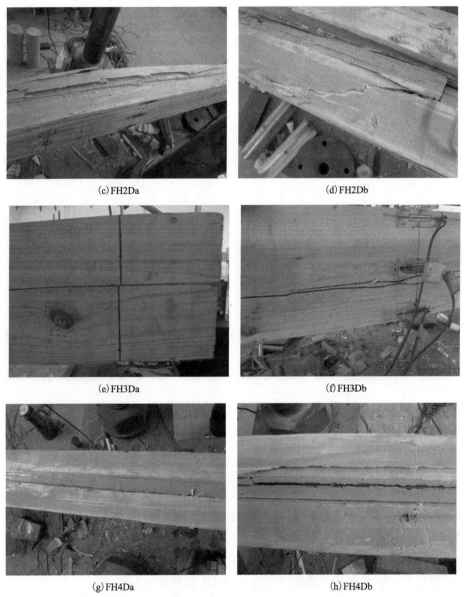

(c) FH2Da

(d) FH2Db

(e) FH3Da

(f) FH3Db

(g) FH4Da

(h) FH4Db

图 4.5 内嵌 CFRP 板材加固杉木梁的破坏形态

FH1Fb 和 FH2Fb 试件在加载至极限荷载 45%～60%开始出现细微的响声，但木梁表面并没有出现肉眼可以观察到的裂缝和损坏；继续加载，出现连续的一些劈裂声，加载点处局部木纤维被压溃；加载至接近极限荷载时，突然毫无征兆出现一声巨响，木梁截面中部偏下处沿木梁长度方向发生剪切错位，试件破坏。破坏情况详见图 4.6(b)和图 4.6(d)。

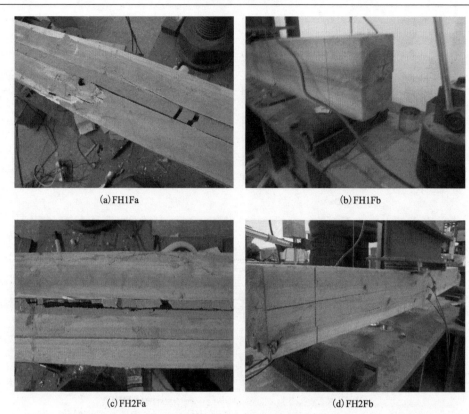

(a) FH1Fa

(b) FH1Fb

(c) FH2Fa

(d) FH2Fb

图 4.6　内嵌 CFRP 筋材加固杉木梁的破坏形态

2. 松木梁

1) 未加固试件

PB0Ba 和 PB0Bb 试件在加载至极限荷载 50%～60%开始出现轻微的响声，但木梁表面并没有出现肉眼可以观察到的裂缝和损坏；继续加载，出现一些连续的劈裂声，加载点处局部木纤维被压溃；加载至接近极限荷载时，出现连续的较大的劈裂声，但试件没有出现较大的变形；最后在一声巨响下，木梁跨中底部位置木纤维拉断，试件破坏。破坏情况详见图 4.7(a) 和图 4.7(b)。

2) CFRP 板材加固试件

CFRP 板材加固的试件在加载至极限荷载 50%～85%开始出现劈裂声，但木梁表面并没有出现肉眼可以观察到的裂缝和损坏；继续加载，出现连续的一些劈裂声，木梁跨中靠近底面处也出现一些裂缝；加载至接近极限荷载时，跨中底部部分结构胶开裂，木梁跨中靠近底部处的木纤维被拉断，试件破坏。破坏情况详见图 4.8。

(a) PB0Ba

(b) PB0Bb

图 4.7 未加固松木梁的破坏形态

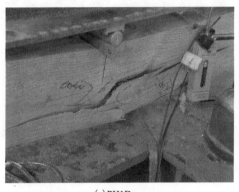

(a) PH1Da

(b) PH1Db

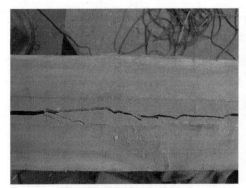

(c) PH2Da

(d) PH2Db

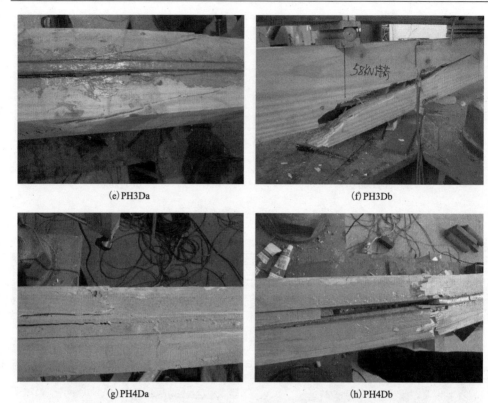

(e) PH3Da　　　　　　　　　　　　(f) PH3Db

(g) PH4Da　　　　　　　　　　　　(h) PH4Db

图 4.8　内嵌 CFRP 板材加固松木梁的破坏形态

3）CFRP 筋材加固试件

CFRP 筋材加固的试件在加载至极限荷载 50%～70%开始出现一些细微的劈裂声；继续加载，不断出现劈裂声和一些裂缝；但木梁表面并没有出现肉眼可以观察到的裂缝和损坏；继续加载，出现连续的一些劈裂声，木梁跨中靠近底面处也出现一些裂缝；加载至接近极限荷载时，木梁不断出现劈裂响声，并伴有跨中底部部分结构胶的开裂，随后木梁跨中底部和靠近底部的木纤维拉断，试件破坏。破坏情况详见图 4.9。

3. 试验现象分析

通过上述试验现象的描述可以看出：未加固试件均出现跨中底部木纤维拉断的受弯破坏；杉木梁加固试件的破坏方式则出现了两种，一种为跨中底部和靠近底部木纤维拉断的受弯破坏，另一种则为从支座位置处开始沿木梁截面 1/3～1/2高度处的纵向剪切破坏；松木梁加固试件的破坏方式均为跨中底部或靠近底部木纤维拉断的受弯破坏；基本上所有的加固试件均未出现明显的加固材料与木梁剥离的现象，说明加固材料能与木梁很好地共同工作。具体的破坏形式分类见表 4.3。

<table>
<tr><td>(a) PH1Fa</td><td>(b) PH1Fb</td></tr>
<tr><td>(c) PH2Fa</td><td>(d) PH2Fb</td></tr>
</table>

图 4.9　内嵌 CFRP 筋材加固松木梁的破坏形态

表 4.3　木梁试件破坏形式

破坏形态	杉木试件	松木试件
受弯破坏	FB0Ba、FB0Bb、FH1Db FH2Da、FH2Db、FH4Da FH4Db、FH1Fa、FH2Fa	所有试件均为受弯破坏
剪切破坏	FH1Da、FH3Da、FH3Db FH1Fb、FH2Fb	—

　　下面分析纵向剪切裂缝的原因。

　　发生剪切破坏的试件其纵向裂缝都起于支座处，然后不断地向跨中发展。也就是说，纵向裂缝产生于木梁的剪弯段，其产生原因与截面上的剪应力有关。根据材料力学知识可知，当矩形横截面上作用剪力时，其截面上会存在如图 4.10 所示的剪应力分布，其剪应力最大值位于中性轴处。再根据剪应力互等原理，纵向截面上一定也存在相同大小的剪应力。正是这样的剪应力的存在，当其剪力作用大于木材纵向纤维之间的作用时，木梁将会出现纵向剪切破坏。同时结合第 2 章和第 3 章加固木梁的受拉区高度计算值可以看出，出现纵向剪切试件的中性轴位于截面的 1/3～1/2 高度处，这也与试验中出现纵向裂缝部位吻合。

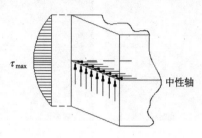

τ_{max}　　　　　　　　　　　　　中性轴

图 4.10　木梁截面剪应力分布

　　同时也可以发现出现纵向剪切破坏的仅仅为部分杉木加固试件，对于松木的所有试件均未出现这样的破坏形式，对于出现这样破坏的杉木试件也具有随机性，与加固方式和加筋量均无很直接明显的关系。分析原因主要是杉木木质较松木木质不是很密实均匀，其木纤维之间的相互作用较弱。对于杉木部分加固构件出现此种现象，一是说明纤维材料加固后的杉木梁出现了新的破坏形式，CFRP 材料加固在一定程度上改变了木梁的破坏形式；二是对于加固试件出现这样少量且带有一定随机性的剪切破坏究其原因也归结于天然材料的离散性，试验中的木梁虽然均取自同一批树种，但是由于木材为天然材料，其木质材性的离散性还是存在的，木材纤维之间的相互作用会因为各种原因发生变化。但从试验的整体情况来看，大部分的杉木梁还是发生了受弯破坏。

　　同时通过试验承载力结果检查发现，出现纵向剪切裂缝的试件其破坏时承载力值较相对应(同种加固方式，同种加固量)试件的受弯承载力值均较大，说明了加固后木梁的受弯承载力得到补强。

　　综上可以发现，对于本次试验研究中采用内嵌纤维材料加固后的木梁，除了极个别木梁因为木材材质原因产生纵向剪切破坏，绝大多数木梁均出现了不同程度因受弯引起的底部或靠近底部木纤维拉断的破坏，试验中没有出现国外学者所描述的受压失效。

4.2.3　试验结果

1. 木梁受弯承载力

试验采用的是天然木材，虽然是同一批次的木材，但仍然无法避免其材料性能的离散性对试验结果的影响，所以试验结果基本上采用取平均值进行比较，对于承载力相差较大的情况，综合考虑天然材料力学性质的离散性并结合试件自身实际情况予以取值。

1)杉木梁

试验结果表明：采用 CFRP 加固的试验构件其承载力有着不同程度的提高，采用内嵌 CFRP 板材加固的木梁受弯极限承载力提高了 2.2%～34.8%；采用内嵌 CFRP 筋材加固的木梁受弯极限承载力提高了 8.4%～16.3%。详细试验结果见表 4.4。

表 4.4　杉木梁受弯承载力试验结果

编号	加固情况	受弯极限承载力 /(kN·m)	平均值/(kN·m)	提升情况/%
FB0Ba	未加固	11.6	11.35	—
FB0Bb		11.1		
FH1Da	梁底内嵌 1.4mm×30mm 的 CFRP 板材	14.0	13.80	21.6
FH1Db		13.6		
FH2Da	梁底内嵌 1.4mm×60mm 的 CFRP 板材	13.6	13.60	19.8
FH2Db		奇异值		
FH3Da	梁底内嵌 2.8mm×30mm 的 CFRP 板材	15.0	15.30	34.8
FH3Db		15.6		
FH4Da	梁底内嵌 2.8mm×60mm 的 CFRP 板材	奇异值	11.60	2.2
FH4Db		11.6		
FH1Fa	梁底内嵌 1 根 ϕ6mm 的 CFRP 筋材	12.6	12.30	8.4
FH1Fb		12.0		
FH2Fa	梁底内嵌 1 根 ϕ8mm 的 CFRP 筋材	12.6	13.20	16.3
FH2Fb		13.8		

注：木梁受弯极限承载力的提高情况是将加固梁与未加固梁相比较而言的，考虑剔除部分奇异值。

2)松木梁

试验结果表明：采用 CFRP 加固的试验构件其承载力有着不同程度的提高，采用内嵌 CFRP 板材加固的木梁受弯极限承载力提高了 7.8%～30.7%；采用内嵌 CFRP 筋材加固的木梁受弯极限承载力提高了 9.1%～16.9%。详细试验结果见表 4.5。

表 4.5 松木梁受弯承载力试验结果

编号	加固情况	受弯极限承载力 /(kN·m)	平均值/(kN·m)	提升情况/%
PB0Ba	未加固	11.6	11.55	—
PB0Bb		11.5		
PH1Da	梁底内嵌 1.4mm×30mm 的 CFRP 板材	12.6	13.55	17.3
PH1Db		14.5		
PH2Da	梁底内嵌 1.4mm×60mm 的 CFRP 板材	12.1	12.45	7.8
PH2Db		12.8		
PH3Da	梁底内嵌 2.8mm×30mm 的 CFRP 板材	15.6	15.10	30.7
PH3Db		14.6		
PH4Da	梁底内嵌 2.8mm×60mm 的 CFRP 板材	14.8	14.70	27.3
PH4Db		14.6		
PH1Fa	梁底内嵌 1 根 ϕ6mm 的 CFRP 筋材	12.6	12.60	9.1
PH1Fb		奇异值		
PH2Fa	梁底内嵌 1 根 ϕ8mm 的 CFRP 筋材	13.5	13.50	16.9
PH2Fb		13.5		

注：木梁受弯极限承载力的提高情况是将加固梁与未加固梁相比较而言的，考虑剔除部分奇异值。

从表 4.4 和表 4.5 可以看出，加固后木梁的承载力有了不同程度的提高。对比松木梁和杉木梁可以看出，杉木梁加固后其承载力提升较为明显；对比同一树种、同等加固量的情况，可以看出不同加固方式对木梁的受弯承载力影响较大，同时木槽不宜太深。

2. 木梁荷载–挠度曲线

试验木梁的荷载–挠度曲线可以分成两个部分——弹性阶段和塑性阶段。弹性阶段的曲线近似为一直线，其曲线的斜率反映了弹性阶段的刚度大小。

1)杉木梁

从图 4.11 和图 4.12 两个曲线图可以看出：采用 CFRP 板材和筋材加固后的木梁其弹性阶段的刚度较未加固木梁弹性阶段的刚度都有着一定的提高，提高幅度在 6.7%~52.5%，尤其以 CFRP 板材加固效果提高最为明显；加固后的木梁不仅在弹性阶段的刚度有所提高，其在塑性阶段的延性也有着很好的提高。

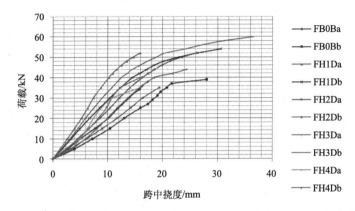

图 4.11　未加固杉木梁和内嵌 CFRP 板材加固杉木梁的荷载-挠度曲线

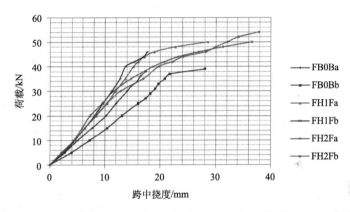

图 4.12　未加固杉木梁和内嵌 CFRP 筋材加固杉木梁的荷载-挠度曲线

2)松木梁

从图 4.13 和图 4.14 两个曲线图可以看出:采用 CFRP 板材和筋材加固的木梁其刚度较未加固木梁的刚度有了一定的提高,提高幅度在 10%~25%,二者相比,CFRP 板材加固效果较好;加固后的木梁塑性阶段的延性也有着一定的提高。

3)不同树种荷载-挠度曲线对比

未加固木梁不同树种之间的对比见图 4.15,从曲线上可以看出松木的弹性阶段刚度要比杉木好,两者都没有明显的屈服阶段。

加固试件不同树种之间的对比见图 4.16 和图 4.17,从图中可以看出,加固后的杉木和松木试件其弹性阶段的刚度基本相同,其曲线非常接近,说明加固后试件的刚度提升效果与树种的关系不是很大。

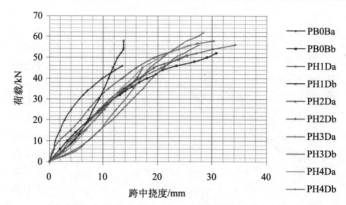

图 4.13　未加固松木梁和内嵌 CFRP 板材加固松木梁的荷载-挠度曲线

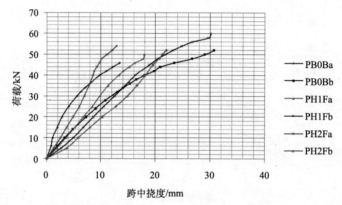

图 4.14　未加固松木梁和内嵌 CFRP 筋材加固松木梁的荷载-挠度曲线

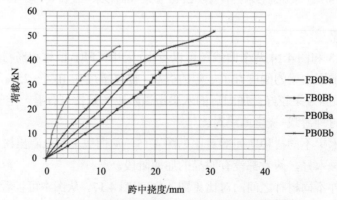

图 4.15　未加固木梁不同树种的荷载-挠度曲线

4) 不同加固方式荷载-挠度曲线对比

在这里比较梁底内嵌 1.4mm×60mm CFRP 板材和梁底内嵌 2.8mm× 30mm CFRP 板材这两种不同加固方式。两者的不同在于其木槽高度不同，板材规格不

同，但加固量相同。如图 4.18 所示，不同加固方式下杉木梁和松木梁的弹性阶段
刚度相差很小，荷载挠度曲线很接近，松木试件较杉木试件相差更小。

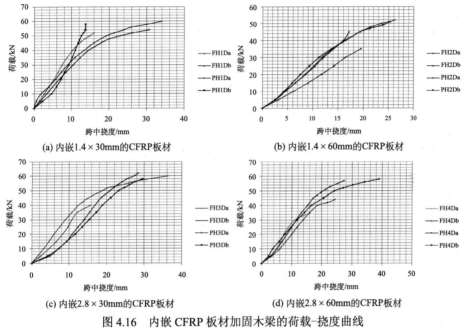

(a) 内嵌1.4×30mm的CFRP板材　　　　(b) 内嵌1.4×60mm的CFRP板材

(c) 内嵌2.8×30mm的CFRP板材　　　　(d) 内嵌2.8×60mm的CFRP板材

图 4.16　内嵌 CFRP 板材加固木梁的荷载-挠度曲线

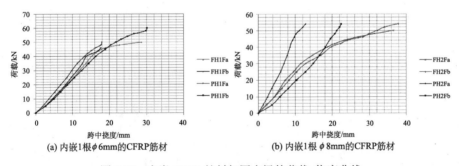

(a) 内嵌1根ϕ6mm的CFRP筋材　　　　(b) 内嵌1根ϕ8mm的CFRP筋材

图 4.17　内嵌 CFRP 筋材加固木梁的荷载-挠度曲线

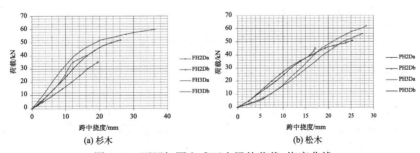

(a) 杉木　　　　　　　　　　(b) 松木

图 4.18　不同加固方式下木梁的荷载-挠度曲线

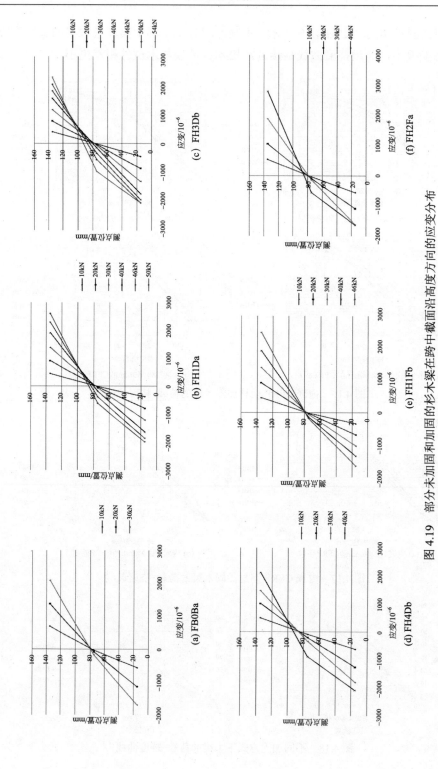

图 4.19　部分未加固和加固的杉木梁在跨中截面沿高度方向的应变分布

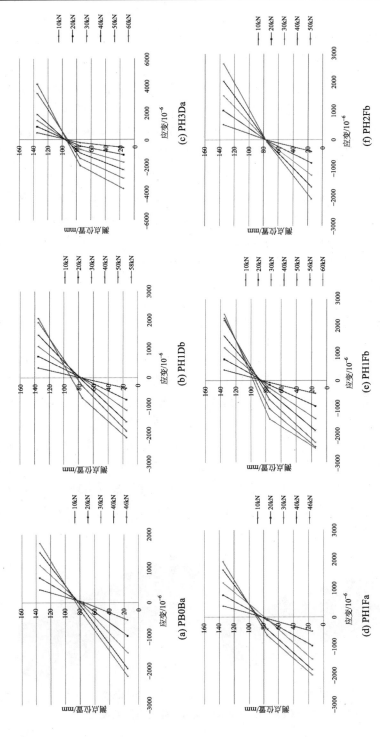

图 4.20　部分未加固和加固的松木梁在跨中截面沿高度方向的应变分布

3. 受弯平截面假定的验证

1) 杉木梁

图 4.19 为部分未加固梁和加固梁在跨中截面沿高度方向的应变分布。从图中可以看出，未加固梁和加固梁的应变沿高度方向的分布基本符合平截面假定，而且加固梁其受压区高度随着荷载增加而变化的情况也能在图 4.19 中得到反映；因此在计算和分析时可以把平截面假定作为一个基本假定。

2) 松木梁

图 4.20 为部分未加固梁和加固梁在跨中截面沿高度方向的应变分布。从图中可以看出，未加固梁和加固梁的应变沿高度方向的分布基本符合平截面假定，而且加固梁其受压区高度随着荷载增加而变化的情况也能在图 4.20 中得到反映；因此在计算和分析时可以把平截面假定作为一个基本假定。

4.2.4　数值模拟

1. 内嵌 CFRP 板加固木梁的受弯性能

1) 有限元模型建立

试验试件的数量有限，无法进行更多情况下的数据分析，因此，本书采用有限元方法进一步对内嵌 CFRP 板加固木梁受弯性能进行参数分析。在 ANSYS 中建立有限元模型，如图 4.21(a) 所示。木材、CFRP 板及结构胶均采用 Solid95 单元进行模拟，根据试验结果可知，木材、结构胶和纤维板之间连接可靠，因此本次分析不考虑黏结滑移，且为了避免木材局部受压破坏导致 ANSYS 计算提前终止，将受力与约束处单元屈服极限适当放大。由于 CFRP 板网格划分较密，为了使计算的同时保证精度和效率，本次计算 CFRP 板加固木梁受弯承载力时，采用二分之一等效模型，如图 4.21(b) 所示。

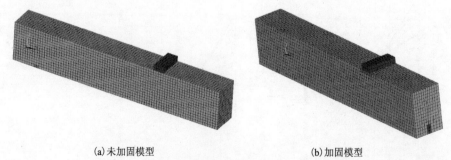

(a) 未加固模型　　　　　　　　　　　　　(b) 加固模型

图 4.21　内嵌 CFRP 板加固木梁受弯性能的有限元模型

木材是正交各向异性材料,有 L、R、T 三个方向的弹性模量、泊松比、剪切弹性模量共 9 个独立的弹性常数,参考本书进行的材性试验测得数据可设置表 4.6 所示木材的弹性参数。另外配套结构胶的强度参数根据厂家提供数据进行设置。

表 4.6　木材弹性参数

木种	E_L/MPa	E_R/MPa	E_T/MPa	μ_{LT}	μ_{LR}	μ_{RT}	G_{LT}/MPa	G_{LR}/MPa	G_{RT}/MPa
松木	12 204	1220	610	0.1	0.1	0.35	732	854	219
杉木	10 263	1026	513	0.1	0.1	0.35	616	718	185

注:E 为弹性模量。G 为剪切弹性模量。μ_{ij} 是泊松比 j 方向压缩应变除以 i 方向拉伸应变;L 表示纵向;R 表示径向;T 表示弦向;RT 表示横截面;LR 表示直径截面;LT 表示切向截面。E, G 的单位是 MPa。

CFRP 板的破坏准则采用 Mises 屈服准则,结构胶和木材的破坏准则采用广义 Hill 屈服准则。本书木材极限强度为清材小样试验测得,因此需要考虑天然缺陷影响系数、干燥缺陷影响系数、长期荷载影响系数和尺寸影响系数的影响。

2) 有限元模型验证

表 4.7 为试验结果和有限元计算得出的极限荷载值的对比分析。

表 4.7　试验结果和有限元计算得出的极限荷载值的对比分析

木柱	试件编号	受弯承载力/(kN·m)	有限元与试验值之间的误差/%
未加固梁 (松木)	PB0Ba	11.6	0.54
	PB0Bb	11.5	0.33
	有限元	11.538	—
加固梁 (松木)	PH1Da	12.6	12.34
	PH1Db	14.5	0.88
	有限元	14.374	—
	PH3Da	15.6	0.21
	PH3Db	14.6	6.21
	有限元	15.567	—
未加固梁 (杉木)	FB0Ba	11.6	1.39
	FB0Bb	11.1	2.98
	有限元	11.441	—
加固梁 (杉木)	FH1Da	14.0	1.22
	FH1Db	13.6	1.67
	有限元	13.831	—
	FH3Da	15.0	2.44
	FH3Db	15.6	1.46
	有限元	15.375	—

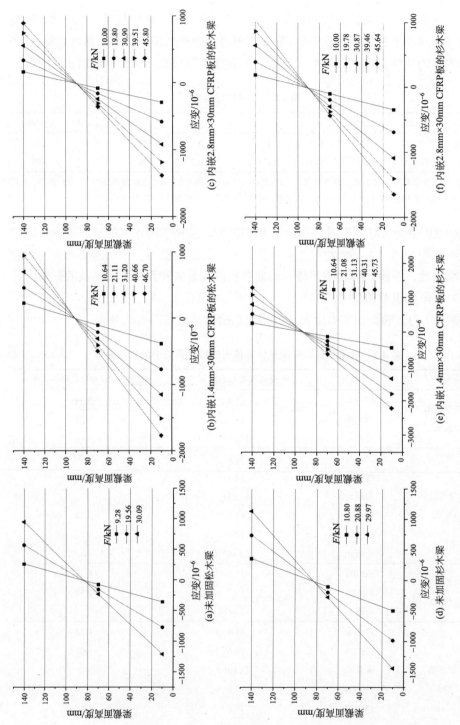

图 4.22　有限元计算得出的梁在跨中截面沿高度方向的应变分布

由表 4.7 可以看出,去除一些因木材力学性能离散性与材质好坏引起的偏差,有限元模拟的梁荷载-位移曲线、极限承载力与试验结果较为接近,因此可以认为模型误差在可以接受的范围内。

3) 平截面假定验证

图 4.22 为有限元计算得出的梁在跨中截面沿高度方向的应变分布。从图中可以看出,加固梁的应变沿高度方向的分布基本符合平截面假定,这与试验结果保持一致。

4) 强度计算与分析

根据修正后的模型计算,对采用纤维板加固后的结构进行强度分析。图 4.23(a)表示加固后梁体的第一主应力分布云图,从图中可知加固前后第一主应力值更趋于抗拉极限强度,这表明木材的受拉能力被进一步利用;图 4.23(b)表示加固后梁体的第三主应力分布云图,可以看出梁体受压处压应力较大;图 4.23(c)表示加固后梁体的 Mises 应力分布云图,该分布情况与加固前类似,最大 Mises 应力有所提高。图 4.23(d) ~ (f)表示加固后梁体的剪应力分布云图,其中图 4.23(d)表示 XY 剪应力云图,图 4.23(e)表示 XZ 剪应力云图,图 4.23(f)表示 YZ 剪应力云图,从图中可知,加固前后各向应力分布几乎不变,XY 向剪应力较大区主要为荷载施加处与位移约束处之间的梁段,XZ 和 YZ 向剪应力较大区主要为荷载施加处附近。图 4.23(g) ~ (i)表示加固后梁体的应变分布云图,其中图 4.23(g)表示弹性应变云图,图 4.23(h)表示塑性应变云图,图 4.23(i)表示总应变云图,从图中可知,梁体发生不可忽略的塑性变形;图 4.23(j)为加固后梁体的总体位移云图,从图中可知位移大小约为 1.6cm,分布较为均匀。图 4.23(k)为纤维板 Mises 应力,荷载施加处梁底纤维板应力接近其受压屈服值。

(a) S1 应力　　　　　　　　(b) S3 应力　　　　　　　　(c) Mises 应力

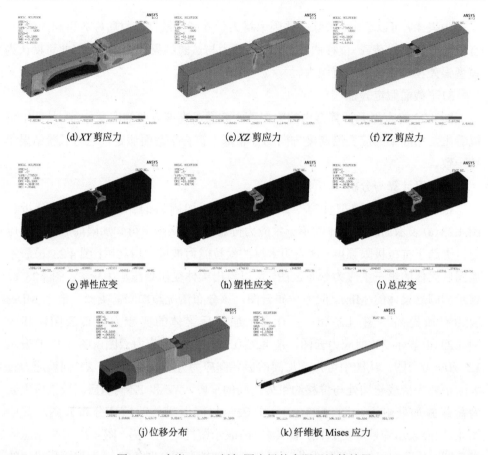

(d) XY 剪应力　　　　　　(e) XZ 剪应力　　　　　　(f) YZ 剪应力

(g) 弹性应变　　　　　　(h) 塑性应变　　　　　　(i) 总应变

(j) 位移分布　　　　　　　　(k) 纤维板 Mises 应力

图 4.23　内嵌 CFRP 板加固木梁的有限元计算结果

　　图 4.24 表示内嵌 CFRP 板加固木梁后体内结构胶的应力分布情况。图 4.24(a)～(c)表示结构胶第一主应力、第三主应力、Mises 应力的分布情况,从图中可知胶体在位移约束端发生局部压碎,梁跨中胶体应力接近受拉屈服强度。图 4.24(d)～(f)表示结构胶 XY 应力、XZ 应力、YZ 应力的分布情况,从图中可知胶体在位移约束端受剪较大。因此通过上述分析可知,胶体极易在位移约束处产生大应力,但该处局部胶体破坏后并不会对结构整体承载造成较大影响,也不会使约束的纤维板脱落,因此只需更多关注梁体跨中底部的胶体是否会随着荷载开裂而拉断。

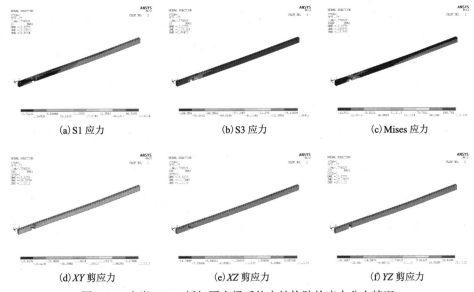

(a) S1 应力　　　　　　　　(b) S3 应力　　　　　　　　(c) Mises 应力

(d) XY 剪应力　　　　　　　(e) XZ 剪应力　　　　　　　(f) YZ 剪应力

图 4.24　内嵌 CFRP 板加固木梁后体内结构胶的应力分布情况

2. 内嵌 CFRP 筋加固木梁受弯性能

1) 有限元模型建立

试验试件的数量有限，无法进行更多情况下的数据分析，因此，本书采用有限元方法进一步对内嵌 CFRP 筋加固木梁受弯性能进行参数分析。在 ANSYS 中建立有限元模型，如图 4.25(a) 所示。木材、CFRP 筋及结构胶均采用 Solid95 单元进行模拟，根据试验结果可知，木材、结构胶和纤维筋之间连接可靠，因此本次分析不考虑黏结滑移，且为了避免木材局部受压破坏导致 ANSYS 计算提前终止，将受力与约束处单元屈服极限适当放大。由于 CFRP 筋网格划分较密，为了使计算的同时保证精度和效率，本次计算 CFRP 筋加固木梁受弯承载力时，采用二分之一等效模型，如图 4.25(b) 所示。

(a) 未加固模型　　　　　　　　　　　(b) 加固模型

图 4.25　内嵌 CFRP 筋加固木梁受弯性能的有限元模型

　　木材是正交各向异性材料，有 L、R、T 三个方向的弹性模量、泊松比、剪切弹性模量共 9 个独立的弹性常数，参考本书进行的材性试验测得数据可设置表 4.8 所示木材的弹性参数。另外配套结构胶的强度参数根据厂家提供的数据进行设置。

表 4.8　木材弹性参数

木种	E_L/MPa	E_R/MPa	E_T/MPa	μ_{LT}	μ_{LR}	μ_{RT}	G_{LT}/MPa	G_{LR}/MPa	G_{RT}/MPa
松木	12 204	1220	610	0.1	0.1	0.35	732	854	219
杉木	10 263	1026	513	0.1	0.1	0.35	616	718	185

注：E 为弹性模量；G 为剪切弹性模量；μ_{ij} 是泊松比 j 方向压缩应变除以 i 方向拉伸应变；L 表示纵向；R 表示径向；T 表示弦向；RT 表示横截面；LR 表示直径截面；LT 表示切向截面；E, G 的单位是 MPa。

　　CFRP 筋的破坏准则采用 Mises 屈服准则，结构胶和木材的破坏准则采用广义 Hill 屈服准则。本书木材极限强度为清材小样试验测得，因此需要考虑天然缺陷影响系数、干燥缺陷影响系数、长期荷载影响系数和尺寸影响系数的影响。

　　2) 有限元模型验证

　　图 4.26 为未加固木梁、内嵌 ϕ6mm CFRP 筋材加固木梁、内嵌 ϕ8mm CFRP 筋材加固木梁的荷载-位移曲线。表 4.9 为试验结果和有限元计算得出的极限荷载值的对比分析。

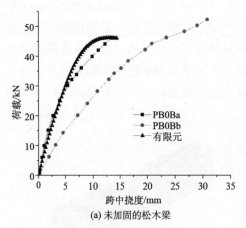

(a) 未加固的松木梁

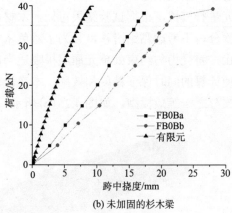

(b) 未加固的杉木梁

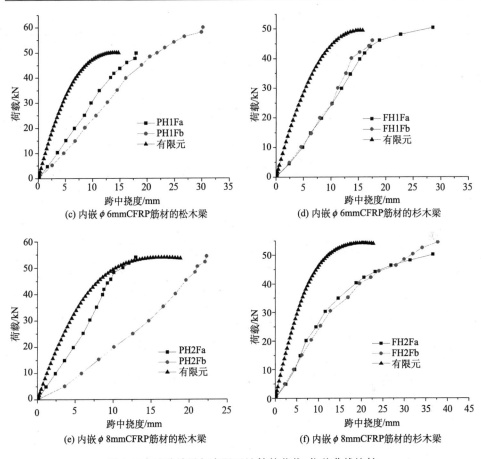

(c) 内嵌 φ 6mmCFRP筋材的松木梁

(d) 内嵌 φ 6mmCFRP筋材的杉木梁

(e) 内嵌 φ 8mmCFRP筋材的松木梁

(f) 内嵌 φ 8mmCFRP筋材的杉木梁

图 4.26　试验结果与有限元计算的荷载-位移曲线比较

表 4.9　试验结果与有限元计算得出的极限荷载值的对比分析

木柱	试件编号	受弯承载力/(kN·m)	有限元与试验值之间的误差/%
未加固梁 (松木)	PB0Ba	11.6	0.54
	PB0Bb	11.5	0.33
	有限元	11.538	—
加固梁 (松木)	PH1Fa	12.6	0.74
	PH1Fb	11.1	—
	有限元	12.508	—
	PH2Fa	13.5	0.007
	PH2Fb	13.5	0.007
	有限元	13.499	—

续表

木柱	试件编号	受弯承载力/(kN·m)	有限元与试验值之间的误差/%
未加固梁 (杉木)	FB0Ba	11.6	1.39
	FB0Bb	11.1	2.98
	有限元	11.441	—
加固梁 (杉木)	FH1Fa	12.6	1.81
	FH1Fb	12.0	3.04
	有限元	12.376	—
	FH2Fa	12.6	7.09
	FH2Fb	13.8	1.76
	有限元	13.561	—

注：PH1Fb 构件由于存在初始缺陷，因此承载力偏小。

由图 4.26 和表 4.9 可以看出，去除一些因木材力学性能离散性与材质好坏引起的偏差，有限元模型计算的梁荷载-位移曲线、极限承载力与试验结果较为接近，因此可以认为有限元模型的计算误差在可以接受的范围内。

3）平截面假定验证

图 4.27 为有限元计算得出的梁在跨中截面沿高度方向的应变分布。从图中可以看出，加固梁的应变沿高度方向的分布基本符合平截面假定，这与试验结果保持一致。

4）强度计算与分析

根据修正后的模型计算，对采用 CFRP 筋加固后的梁体进行强度分析。图 4.28(a)～(c)表示纤维筋加固后梁体的第一主应力、第三主应力、Mises 应力分布云图，加固前后应力分布模式类似，但极限值提高。图 4.28(d)～(f)表示纤维筋加固后梁体的剪应力分布云图，其中图 4.28(d)表示 XY 剪应力云图，图 4.28(e)表示 XZ 剪应力云图，图 4.28(f)表示 YZ 剪应力云图，从图中可知，加固后梁体受剪能力得到了更充分的利用。图 4.28(g)～(i)表示纤维筋加固后梁体的应变分布云图，其中图 4.28(g)表示弹性应变云图，图 4.28(h)表示塑性应变云图，图 4.28(i)表示总应变云图，从图中可知，加固后弹性应变并未显著提高，而塑性应变都有了较大提升；图 4.28(j)为纤维筋加固后梁体的总体位移云图，从图中可知位移大小约为 1.6cm，分布较为均匀；图 4.28(k)为纤维筋 Mises 应力云图，从图中可知纤维筋远未达到屈服强度。

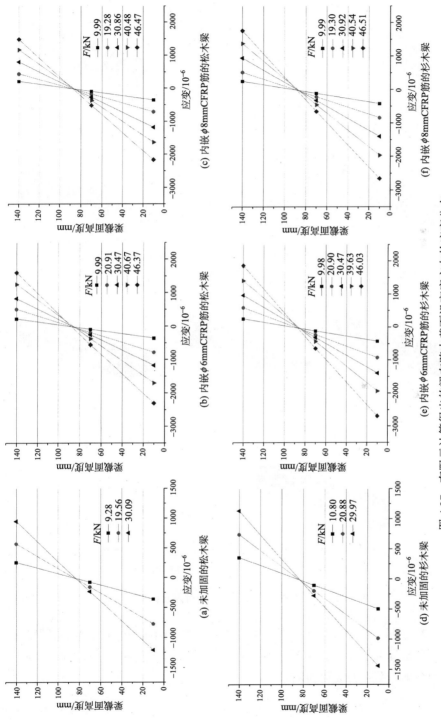

图 4.27　有限元计算得出的梁在跨中截面沿高度方向的应变分布

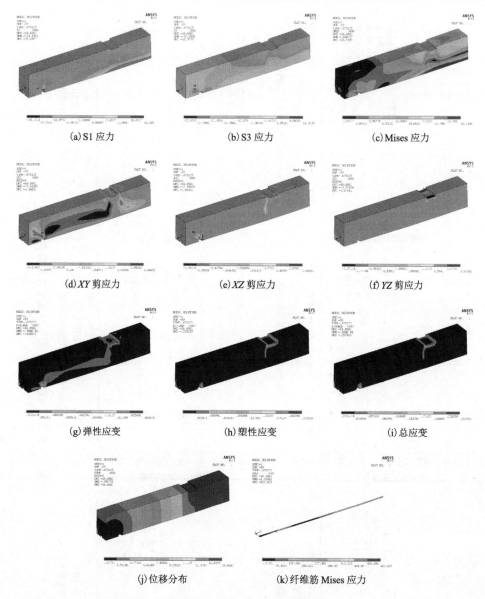

(a) S1 应力　　　　　　　　(b) S3 应力　　　　　　　　(c) Mises 应力

(d) XY 剪应力　　　　　　　(e) XZ 剪应力　　　　　　　(f) YZ 剪应力

(g) 弹性应变　　　　　　　　(h) 塑性应变　　　　　　　(i) 总应变

(j) 位移分布　　　　　　　　　　(k) 纤维筋 Mises 应力

图 4.28　内嵌 CFRP 筋加固木梁的有限元计算结果

　　图 4.29 表示内嵌 CFRP 筋加固木梁后体内结构胶的应力分布情况。由图可知,综合前面分析局部压碎不会显著影响结构承载力,只需更多关注梁体跨中底部的胶体是否会随着荷载开裂而拉断。

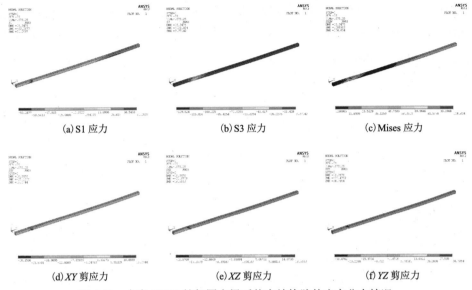

(a) S1 应力　　　　　　　(b) S3 应力　　　　　　　(c) Mises 应力

(d) XY 剪应力　　　　　　(e) XZ 剪应力　　　　　　(f) YZ 剪应力

图 4.29　内嵌 CFRP 筋加固木梁后体内结构胶的应力分布情况

4.2.5　理论分析

1. 基本假定

在推导内嵌 CFRP 材料加固木梁受弯破坏模式和极限承载力公式时给出如下的假定:

(1)木梁受弯后,木材、CFRP 材料的应变符合平截面假定;

(2)对木材的木节、虫洞、裂缝等天然缺陷使用折减系数对强度折减;

(3)木材在受拉、受压和受弯状态下的弹性模量相同;

(4)木材本构关系模型采用 Bechtel 和 Norris 双折线模型[3],木材受拉时表现为线弹性,受压时表现为理想弹塑性,其本构关系如图 4.30 所示,其中木材的最大极限压应变为其屈服压应变的 3.3 倍,其方程表达形式如下:

$$\begin{cases} \sigma_t = E_w \varepsilon_t & (0 \leqslant \varepsilon_t \leqslant \varepsilon_{tu}) \\ \sigma_c = E_w \varepsilon_c & (0 \leqslant \varepsilon_c \leqslant \varepsilon_{cy}) \\ \sigma_c = E_w \varepsilon_{cy} = f_{cu} & (\varepsilon_{cy} \leqslant \varepsilon_c \leqslant 3.3\varepsilon_{cy}) \end{cases} \tag{4.1}$$

(5)CFRP 材料采用线弹性应力-应变关系: $\sigma_{CFRP} = E_{CFRP} \varepsilon_{CFRP}$;

(6)在达到受弯承载力极限状态前,CFRP 材料与木材之间的黏结可靠,没有出现滑移,即二者变形相同。

其中, ε_{cu} 为木材受压极限应变; ε_{cy} 为木材受压屈服应变; ε_{tu} 为木材受拉

极限应变；E_w 为木材的受拉和受压弹性模量(MPa)；f_cu 为木材的极限抗压强度(MPa)，$f_\mathrm{cu}=E_\mathrm{w}\varepsilon_\mathrm{cy}$；$f_\mathrm{tu}$ 为木材的极限抗拉强度(MPa)，$f_\mathrm{tu}=E_\mathrm{w}\varepsilon_\mathrm{tu}$；$E_\mathrm{CFRP}$ 为 CFRP 材料的弹性模量(MPa)；n 为 CFRP 材料的弹性模量与木材的弹性模量之比，即 $n=E_\mathrm{CFRP}/E_\mathrm{w}$。

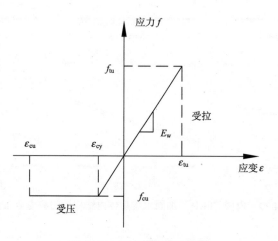

图 4.30　木材本构关系模型

2. 内嵌 CFRP 板(筋)材加固木梁受弯破坏模式分析

本次试验木梁除了个别杉木试件因材料性质的不均匀性出现了纵向剪切破坏，其余木梁的破坏均是受弯跨中底部或者靠近底部木纤维的拉断破坏。本节在基于上节的一系列假定的前提下，利用受弯后木梁截面上内力平衡对木梁的破坏模式进行分析。

1)未加固木梁

结合木材的本构曲线从理论角度出发对于未加固木梁受弯破坏模式应该有两种，一种为受弯后上部木纤维的压溃破坏，另一种则为受弯后底部木纤维的拉断破坏。下面通过平截面假定分析出两种破坏模式的临界状态，其破坏形式主要与木材的受拉受压极限应变的比值有关。

可以设木材屈服压应变和极限拉应变之比为 m，即 $m=\varepsilon_\mathrm{cy}/\varepsilon_\mathrm{tu}$，由上述的假定(4)可以得出 $\varepsilon_\mathrm{cu}/\varepsilon_\mathrm{tu}=3.3m$，由受弯木材截面的应力-应变关系和平截面假定，如果 m 值大于 1 时，木材受压区没有进入塑性阶段，此时发生的破坏必然为受弯后底部木纤维的拉断破坏。

如果木材受压区进入塑性阶段，那么则存在这样的一个临界状态——受拉和受压均达到极限应变，如图 4.31 所示。

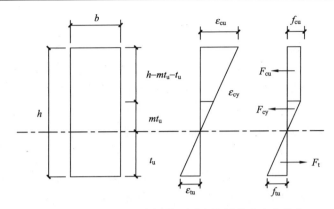

图 4.31　未加固矩形木梁截面受弯临界状态应力分布

图中，b 为木梁截面宽度(mm)；h 为木梁截面高度(mm)；t_u 为未加固木梁截面受拉区高度(mm)；F_{cu} 为木梁截面塑性受压区的压力(N)；F_{cy} 为木梁截面弹性受压区的压力(N)；F_t 为木梁截面木材受拉区的拉力(N)。

由木梁截面上的力平衡条件可得

$$F_{cu} + F_{cy} = F_t$$

$$f_{cu}\left[h - (1 + m)t\right]b + \frac{1}{2}f_{cu}mtb = \frac{1}{2}f_{tu}tb \tag{4.2}$$

$$t_u = \frac{2m}{(m+1)^2}h \tag{4.3}$$

根据平截面假定，可得到极限状态的临界受拉区高度 t_u

$$t_u = \frac{h}{1 + 3.3m} \tag{4.4}$$

两式联列即

$$\frac{2mh}{(m+1)^2} = \frac{h}{1 + 3.3m} \tag{4.5}$$

通过式(4.5)可解得临界状态下的 m 取值为 0.422。也就是当木材屈服压应变和极限拉应变之比大于 0.422 时，木梁将出现受弯后底部木纤维的拉断破坏；当两者之比小于 0.422 时，将出现受弯后上部木纤维的压溃破坏。

下面就结合本次材性试验的结果对其破坏模式进行分析，通过材性试验结果可得杉木梁和松木梁的 m 值分别为 0.75 和 0.73，均大于 0.422，因此未加固杉木和松木梁受弯破坏模式应该为受弯后底部木纤维拉断破坏。结合本次试验现象可以看出，所有的未加固木梁均发生了底部木纤维的受弯拉断破坏，这一现象也与理论分析的模型比较吻合。

2) 加固木梁

与未加固木梁相比, 加固木梁中有了 CFRP 材料的加入使木梁截面上的应力分布发生了变化, 但究其破坏模式应该与未加固木梁的破坏形式相同——受弯后上部木纤维的压溃破坏或受弯后底部木纤维的拉断破坏。这里由于所用的 CFRP 材料其极限拉应变为一般木材的 3～5 倍, 因此不会出现 CFRP 材料拉断的破坏形式, 在 CFRP 材料发生破坏之前, 木纤维已经受拉破坏。同时从试验中也可以看到并没有出现 CFRP 材料破坏的形式。

同时, 如果木材的 m 较大(至少大于 1), 木梁受弯后其受压区没有进入塑性阶段, 此时木梁发生的破坏必然为受弯后底部木纤维的拉断破坏; 如果木梁受弯后受压区进入了塑性状态, 同未加固木梁一样也存在一个临界状态。基于上节的基本假定进行临界状态时截面的内力分析, 其截面应力-应变分布如图 4.32 所示, 其中, d 为木槽高度(mm); w 为木槽宽度(mm); t 为受拉区高度(mm); m 为木梁受压屈服应变和受拉极限应变之比, 即 $m = \varepsilon_{cy} / \varepsilon_{tu}$; ε_{CFRP} 为 CFRP 材料的应变, 由基本假定可知其大小与相邻木材的应变相同; σ_{CFRP} 为 CFRP 材料的应力(MPa); F_{CFRP} 为 CFRP 材料的拉力(N), $F_{CFRP} = A_{CFRP}\sigma_{CFRP} = A_{CFRP}E_{CFRP}\varepsilon_{CFRP}$, 其中 A_{CFRP} 为 CFRP 材料的面积(mm²)。

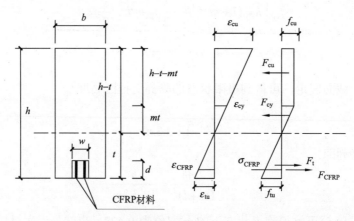

图 4.32　加固木梁截面的应力-应变分布图

由于开槽高度很小, 其沿木槽高度的应变分布可以认为是相同的; 同样利用木梁截面上的力平衡条件可得

$$F_{cu} + F_{cy} = F_t + F_{CFRP}$$

$$f_{cu}\left[h - (1+m)t\right]b + \frac{1}{2}f_{cu}mtb = \frac{1}{2}f_{tu}tb - E_w\varepsilon_{CFRP}dw + \sigma_{CFRP}A_{CFRP} \tag{4.6}$$

再由

$$\varepsilon_{CFRP} = \frac{2t-d}{2t}\varepsilon_{tu} \tag{4.7}$$

可得

$$t = \frac{mhb + dw - nA_{CFRP} + \sqrt{(nA_{CFRP} - dw - mhb)^2 - (m+1)^2 b(d^2 w - nA_{CFRP}d)}}{(m+1)^2 b} \tag{4.8}$$

式(4.8)同式(4.4)联列，通过比较受拉区高度与临界受拉区高度的大小，从而判断发生哪种形式的破坏。将本次试验木梁的截面尺寸、材料强度和加固材料的强度等数值代入式(4.8)可以计算得出本次试验木梁的受拉区高度，其计算结果如表 4.10 和表 4.11 所示。

表 4.10　杉木梁受拉区高度

试件编号	受拉区高度/mm
FH1Da、FH1Db	71.94
FH2Da、FH2Db	71.24
FH3Da、FH3Db	68.17
FH4Da、FH4Db	66.06
FH1Fa、FH1Fb	73.32
FH2Fa、FH2Fb	72.18

表 4.11　松木梁受拉区高度

试件编号	受拉区高度/mm
PH1Da、PH1Db	72.23
PH2Da、PH2Db	71.79
PH3Da、PH3Db	68.97
PH4Da、PH4Db	67.22
PH1Fa、PH1Fb	73.26
PH2Fa、PH2Fb	72.28

再将 m 值代入式(4.4)计算可得临界状态时杉木的受拉区高度为 43.2mm，松木的受拉区高度为 44.0mm。从表 4.10 和表 4.11 中数据可以发现，所有加固梁的受拉区高度均大于临界受拉区高度，这意味着本次试验所有的加固木梁破坏形式应该均为受弯后底部木纤维的拉断破坏。

本次试验结果除了个别加固杉木梁因材料性质原因发生纵向剪切的破坏，大多数加固的木梁发生了底部木纤维拉断破坏，说明该理论模型能够很好地与试验吻合。在式(4.8)基础上，对木梁进行增加 CFRP 材料面积的计算，计算结果表明对于本次试验板材加筋率达到 2.5% 以上，筋材加筋率达到 4% 时，加固木梁才有可能出现受弯后上部木纤维的压溃破坏。

对于个别杉木梁出现的纵向剪切破坏主要与木材材料性质有关，该种破坏形式主要是由木纤维之间较弱的相互作用产生，具有个别性和随机性，在此不再予以分析。但仍然需要更多的试验来验证该模型的合理性，进而不断对该模型进行修正，力求完美。

3. 受弯承载力计算方法

下面针对受弯木梁不同的破坏模式，分别建立木梁的承载能力计算公式[4,5]。

1) 未加固木梁

未加固木梁的受弯破坏有两种类型：底部木纤维的拉断破坏和上部木纤维的压溃破坏。

(1) 底部木纤维的拉断破坏（$m > 0.422$）。此时木梁底部木纤维的拉应变达到极限应变值，木梁顶部的木纤维会因其 m 值的不同而出现以下两种情况：① 当 $m \geqslant 1$ 时，此时木材受压区没有进入塑性状态，完全处于弹性状态；② $0.422 < m < 1$，此时木材部分受压区已经进入塑性状态。

当 $m > 1$ 时，此时利用截面上的内力平衡，可得 $t_u = \frac{1}{2}h$，对截面中性轴取矩可得其极限弯矩为

$$M_u = f_{cu} \times \frac{1}{6}bh^2 = f_{cu}W \tag{4.9}$$

当 $0.422 < m < 1$，此时接式 (4.3) 对中性轴取矩可得

$$M_u = F_{cu}[mt_u + \frac{1}{2}(h - t_u - mt_u)] + \frac{2}{3}F_{cy}mt_u + \frac{2}{3}F_t t_u$$

化简为

$$M_u = \frac{3-m}{1+m}f_{cu} \times \frac{1}{6}bh^2 \tag{4.10}$$

其中，$W = \frac{1}{6}bh^2$。

(2) 上部木纤维的压溃破坏（$m < 0.422$）。此时木材受压区木纤维达到极限压应变，而木材的受拉应变尚未达到受拉应变的极限值，此时截面上的内力平衡，如图 4.33 所示。

由平截面假定，木材底部的最大拉应变为 $\varepsilon_t = \frac{3.3t_u}{h - t_u}\varepsilon_{cy}$

再由截面的应力平衡可得

$$F_{cu} + F_{cy} = F_t$$

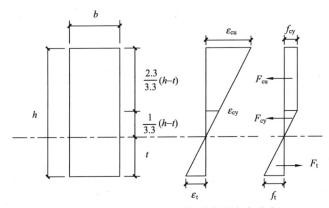

图 4.33 未加固梁压溃破坏时截面应力分布

$$\frac{1}{2}f_{cu}\frac{h-t_u}{3.3}b + f_{cu}\frac{2.3(h-t_u)}{3.3}b = \frac{1}{2}f_{cu}\frac{3.3t_u}{h-t_u}t_u b \tag{4.11}$$

解得受拉区高度 $t = 0.418h$，再对受拉区合力点取矩可得此时的极限弯矩为

$$M_u = 0.302f_{cu}bh^2 = 1.81f_{cu}W \tag{4.12}$$

综上可得未加固梁的弯矩值计算公式为

$$\begin{cases} M_u = f_{cu}W & (m \geqslant 1) \\ M_u = \dfrac{3-m}{1+m}f_{cu}W & (0.422 < m < 1) \\ M_u = 1.81f_{cu}W & (0 \leqslant m \leqslant 0.422) \end{cases} \tag{4.13}$$

利用式（4.13）对本次试验中木梁的极限承载力进行计算。

将杉木 $m = 0.75$、松木 $m = 0.73$ 及表 4.6、表 4.8 中的材料强度值代入式（4.13）可求得本次试验中木梁的极限承载力计算值，见表 4.12。

表 4.12 未加固木梁试件的试验值和计算值

木材	试件编号	试验值/(kN·m)	计算值/(kN·m)	相差/%
杉木	FB0Ba	11.60	12.4	−6.5
	FB0Bb	11.10		−10.5
松木	PB0Ba	11.60	14.3	−18.9
	PB0Bb	11.50		−19.6

注：相差=(试验值−计算值)/计算值×100%。

可以看出按照式（4.13）得出的计算值与试验值的结果仍然存在一定的差别（相差在 10%~20%），综合考虑天然材料的离散性，该理论模型得出的承载力计算值的准确性在一定程度上能够满足要求。

2) 内嵌 CFRP 板（筋）材加固木梁

加固木梁也有两种破坏类型。

（1）受弯后底部木纤维的拉断破坏。

此时存在两种情况：①如果木梁的 m 值足够大，此时木梁的受压区没有进入塑性状态；②木梁受压区部分进入塑性状态。

对于情况①，其截面上的应力分布如图 4.34 所示。

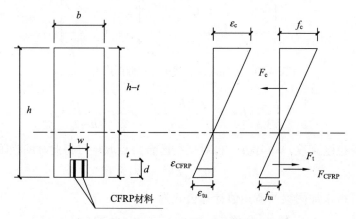

图 4.34　弹性阶段受拉破坏时木梁截面应力分布

由截面内力平衡：

$$F_c = F_t + F_{CFRP} \tag{4.14}$$

再由平截面假定得

$$f_c = \frac{h-t}{t} f_{tu} \tag{4.15}$$

式（4.14）可以写成：

$$\frac{1}{2} f_{tu} \frac{(h-t)^2}{t} b = \frac{1}{2} f_{tu} tb - E_w \varepsilon_{CFRP} dw + \sigma_{CFRP} A_{CFRP} \tag{4.16}$$

通过式（4.16）得出受拉区高度 t，再对受压区合力点取矩可得

$$M_u = F_t \frac{2h}{3} + F_{CFRP} \left(\frac{2h+t}{3} - \frac{d}{2} \right) \tag{4.17}$$

其中，$F_t = \frac{1}{2} f_{tu} tb - E_w \varepsilon_{CFRP} dw$，$\varepsilon_{CFRP} = \frac{2t-d}{2t} \varepsilon_{tu}$。

对于情况②，则接式（4.8）再对中性轴取矩，可得木梁截面上的极限弯矩为

$$M_u = F_{cu} \frac{h-t+mt}{2} + \frac{2}{3} F_{cy} mt + \frac{2}{3} F_t t + F_{CFRP} \left(t - \frac{d}{2} \right) \tag{4.18}$$

进一步化简可得

$$M_{\mathrm{u}} = f_{\mathrm{cu}}\left[\frac{t^2b}{3m} + \frac{(2t-d)^2}{4mt}(nA_{\mathrm{CFRP}} - dw) + \frac{(h-t)^2}{2}b - \frac{m^2t^2}{6}b\right] \tag{4.19}$$

(2)受弯后上部木纤维的压溃破坏。

同未加固木梁,此时木梁截面应力分布如图 4.35 所示。

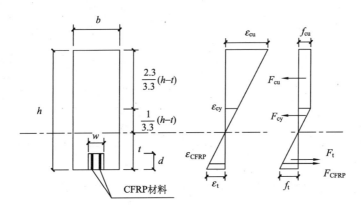

图 4.35　压溃破坏时木梁截面应力分布情况

由截面内力平衡:

$$F_{\mathrm{cu}} + F_{\mathrm{cy}} = F_{\mathrm{t}} + F_{\mathrm{CFRP}} \tag{4.20}$$

再由平截面假定得

$$f_{\mathrm{t}} = \frac{3.3t}{h-t}f_{\mathrm{cu}} \tag{4.21}$$

可将式(4.20)改写成:

$$\frac{1}{2}\frac{3.3t^2}{h-t}f_{\mathrm{cu}}tb - E_{\mathrm{w}}\varepsilon_{\mathrm{CFRP}}dw + \sigma_{\mathrm{CFRP}}A_{\mathrm{CFRP}} = \frac{1}{2}f_{\mathrm{cu}}\frac{h-t}{3.3}b + f_{\mathrm{cu}}\frac{2.3(h-t)}{3.3}b \tag{4.22}$$

此时 $\varepsilon_{\mathrm{CFRP}} = \dfrac{2t-d}{2t}\varepsilon_{\mathrm{t}} = \dfrac{2t-d}{2t}\dfrac{3.3t}{h-t}\varepsilon_{\mathrm{cy}}$ 。 $\tag{4.23}$

再对中性轴取矩可得

$$M_{\mathrm{u}} = \frac{43}{66}F_{\mathrm{cu}}(h-t) + \frac{20}{99}F_{\mathrm{cy}}(h-t) + \frac{2}{3}F_{\mathrm{t}}t + F_{\mathrm{CFRP}}\left(t - \frac{d}{2}\right) \tag{4.24}$$

其中, $F_{\mathrm{cu}} = f_{\mathrm{cu}}\dfrac{2.3(h-t)}{3.3}b$; $F_{\mathrm{cy}} = \dfrac{1}{2}f_{\mathrm{cu}}\dfrac{h-t}{3.3}b$; $F_{\mathrm{t}} = \dfrac{1}{2}\dfrac{3.3t^2}{h-t}f_{\mathrm{cu}}tb - E_{\mathrm{w}}\varepsilon_{\mathrm{CFRP}}dw$ 。

根据 4.2.2 节和 4.2.3 节的判定,本次试验木梁的破坏形式均为受弯后底部木纤维的拉断破坏,且木梁的受压区部分已进入塑性状态,因此对本次试验木材采用式(4.19)进行计算,具体计算结果见表 4.13。

表 4.13　加固木梁试件的试验值和计算值

木材	试件编号	试验值/(kN·m)	计算值/(kN·m)	相差/%
杉木	FH1Da	14.0	12.95	8.1
	FH1Db	13.6		5.0
	FH2Da	13.6	13.03	4.4
	FH2Db	9.6		−26.3
	FH3Da	15.0	14.27	5.1
	FH3Db	15.6		9.3
	FH4Da	9.3	14.39	−35.4
	FH4Db	11.6		−19.4
	FH1Fa	12.6	12.45	1.2
	FH1Fb	12.0		−3.6
	FH2Fa	12.6	12.92	−2.5
	FH2Fb	13.8		6.8
松木	PH1Da	12.6	14.70	−14.3
	PH1Db	14.5		−1.4
	PH2Da	12.1	14.76	−18.0
	PH2Db	12.8		−13.3
	PH3Da	15.6	16.00	−2.5
	PH3Db	14.6		−8.8
	PH4Da	14.8	16.12	−8.2
	PH4Db	14.6		−9.4
	PH1Fa	12.6	14.28	−11.8
	PH1Fb	11.1		−22.3
	PH2Fa	13.5	14.73	−8.4
	PH2Fb	13.5		−8.4

注：相差=(试验值−计算值)/计算值×100%，部分试件误差较大主要由于材性的离散性和存在的初始缺陷。

从表 4.13 可以看出，除个别试件的试验值和计算值相差较大外，大部分试件的计算值和试验值均能较好地吻合，两者相差在 10%左右。

4.3　内嵌 CFRP 板(筋)材加固短木柱轴心受压研究

4.3.1　试验设计

目前 CFRP 材料加固短木柱的试验研究均是针对木柱表面包裹 CFRP 片材这样的加固形式，对于内嵌 CFRP 材料加固形式的研究还未进行。本章针对短木柱以一种探索的方式来研究其采用内嵌 CFRP 材料加固后的轴心受压性能。同时出于对比常用的两种纤维材料，相应地设计了板材和筋材加固；为了比较加固后力学性能与加固量之间是否存在某种关系，设置了不同的加筋率。基于这样的试验设计思想从而展开了以下的试验。

同木梁试验，短木柱试验构件分为对比试件、板材加固试件和筋材加固试件三类。所有试件均为圆形短木柱，试件高度均为 300mm，直径为 100mm。其中对比试件为未经任何加固处理的短木柱；加固试件采用纵向内嵌 CFRP 板(筋)材加固。每个试件贴四个应变片，其中两个沿纵向、两个沿横向设置在木柱中部以记录构件截面的轴向压应变和横向拉应变。试件详情见表 4.14、表 4.15 和图 4.36。

表 4.14　杉木柱试件详情

试件分类	加固情况	试件编号
未加固	无	FB0Ca、FB0Cb
CFRP 板材加固	内嵌 2 片 1.4mm×30mm CFRP 板材	FH1Ea、FH1Eb
	内嵌 2 片 2.8mm×30mm CFRP 板材	FH2Ea、FH2Eb
	内嵌 4 片 1.4mm×30mm CFRP 板材	FH3Ea、FH3Eb
	内嵌 4 片 2.8mm×30mm CFRP 板材	FH4Ea、FH4Eb
CFRP 筋材加固	内嵌 2 根 ϕ6mm CFRP 筋材	FH1Ga、FH1Gb
	内嵌 2 根 ϕ8mm CFRP 筋材	FH2Ga、FH2Gb
	内嵌 4 根 ϕ6mm CFRP 筋材	FH3Ga、FH3Gb
	内嵌 4 根 ϕ8mm CFRP 筋材	FH4Ga、FH4Gb

表 4.15　松木柱试件详情

试件分类	加固情况	试件编号
未加固	无	PB0Ca、PB0Cb
CFRP 板材加固	内嵌 2 片 1.4mm×30mm CFRP 板材	PH1Ea、PH1Eb
	内嵌 2 片 2.8mm×30mm CFRP 板材	PH2Ea、PH2Eb
	内嵌 4 片 1.4mm×30mm CFRP 板材	PH3Ea、PH3Eb
	内嵌 4 片 2.8mm×30mm CFRP 板材	PH4Ea、PH4Eb
CFRP 筋材加固	内嵌 2 根 ϕ6mm CFRP 筋材	PH1Ga、PH1Gb
	内嵌 2 根 ϕ8mm CFRP 筋材	PH2Ga、PH2Gb
	内嵌 4 根 ϕ6mm CFRP 筋材	PH3Ga、PH3Gb
	内嵌 4 根 ϕ8mm CFRP 筋材	PH4Ga、PH4Gb

本试验所用的木材是松木(TC15A)和杉木(TC11A)两种，松木试验材料的物理力学参数：顺纹抗拉强度 132.90MPa，顺纹抗压强度 42.78MPa，抗弯强度

64.31MPa,顺纹抗剪强度 8.70MPa,抗弯弹性模量 12 204.50MPa,含水率 12%±1%;杉木试验材料的物理力学参数:顺纹抗拉强度 78.84MPa,顺纹抗压强度 39.23MPa,抗弯强度 71.98MPa,顺纹抗剪强度 4.94MPa,抗弯弹性模量 10 263.00MPa,含水率 12%±1%。

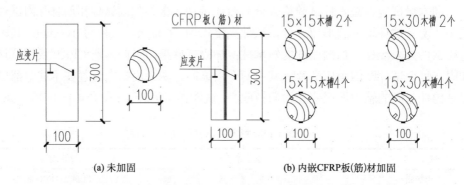

(a) 未加固　　　　　　　　　　　　(b) 内嵌CFRP板(筋)材加固

图 4.36　木柱试件尺寸及应变片布置(单位:mm)

CFRP 板的抗拉强度标准值为 2.6GPa,拉伸弹性模量为 180GPa,伸长率为 1.8%。结构胶采用配套结构胶。CFRP 筋的抗拉强度标准值为 2064MPa,拉伸弹性模量为 90.8GPa,弯曲强度标准值为 1823MPa,弯曲弹性模量为 85.8GPa,结构胶采用爱劳达结构胶。

试验在南京航空航天大学航空学院土木工程系试验室 2000kN 液压万能试验机上进行。采用 DH3816 静态应变采集仪进行应变数据采集。在正式加载前先进行预压以消除试验的系统误差。试验加载方式采用单调逐级加载,开始每级荷载约为 10kN,当加载至极限荷载 80%左右时,每级荷载约为 5 kN,每级荷载持荷 2~3min;当荷载下降至极限荷载的 85%左右时,试验结束。具体加载装置见图 4.37。

图 4.37　木柱试件及试验加载装置

4.3.2　试验现象

1．杉木柱

1)未加固试件

FB0Ca 木柱加载至极限荷载 50%左右出现轻微的响声；随着荷载的继续增加，试件发出较大的劈裂声，并在木柱两侧出现沿试件表面竖向撕裂的裂缝，并且裂缝有不断扩展的趋势；最后加载至接近极限荷载时，试件沿着裂缝撕裂同时伴随着木纤维被压溃，试件破坏；破坏情况详见图 4.38(a)。FB0Cb 木柱在加载至极限荷载 90%左右开始出现劈裂声，并出现沿试件表面的竖向撕裂的裂缝，加载至接近极限荷载时，试件裂缝扩大，试件中部偏上位置处的木纤维被压溃，试件破坏；破坏情况详见图 4.38(b)。

(a) FB0Ca　　　　　　　　　　　(b) FB0Cb

图 4.38　未加固杉木柱的破坏形态

2)CFRP 板材加固试件

FH1Ea、FH2Ea 和 FH2Eb 木柱加载至极限荷载 80%~85%开始出现细微的响声，并伴随沿着试件表面竖向裂缝的产生；随着荷载的增加，此裂缝不断发展扩大，最后裂缝周围沿着阶梯状排列的木纤维出现了压溃错位的现象，试件破坏；破坏情况详见图 4.39(a)~图 4.39(c)。

FH1Eb 木柱加载至极限荷载 75%左右开始出现轻微的劈裂声，随着荷载的增加，试件沿着结构胶和 CFRP 板材交界处出现剥离开裂，同时试件出现沿着表面的竖向裂缝；逐渐加载至极限荷载，裂缝不断增大，直至木纤维压溃，试件破坏；破坏情况详见图 4.39(d)。

FH3Ea、FH3Eb、FH4Ea 和 FH4Eb 木柱加载至极限荷载 65%~75%开始出现轻微的劈裂声；随着荷载的增加，沿着试件表面、结构胶与 CFRP 板材交界处和结构胶与木材交界处都开始出现不同程度大小的竖向裂缝并且其裂缝随着荷载的不断增大而增大，试件也因木纤维的压溃而破坏；破坏情况详见图 4.39(e)～图 4.39(h)。

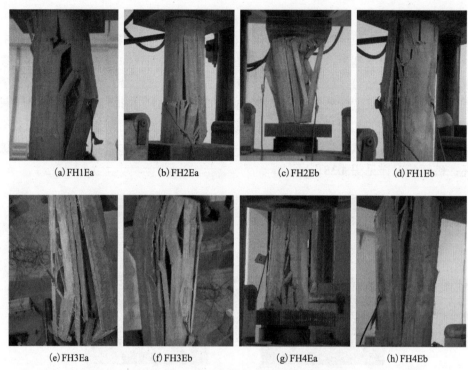

(a) FH1Ea   (b) FH2Ea   (c) FH2Eb   (d) FH1Eb

(e) FH3Ea   (f) FH3Eb   (g) FH4Ea   (h) FH4Eb

图 4.39 内嵌 CFRP 板材加固杉木柱的破坏形态

3) CFRP 筋材加固试件

FH1Ga、FH1Gb、FH2Ga 和 FH2Gb 木柱加载至极限荷载 65%～75%开始出现细微的响声；随着进一步的加载，可以清晰地听到剥离响声；随着荷载的增大，部分结构胶与 CFRP 筋材和木材发生剥离并伴随有部分小块结构胶块飞出；加载至接近极限荷载时，剥离处周围的木纤维压溃，木纤维错位，试件破坏；破坏情况详见图 4.40(a)～图 4.40(d)。

FH3Ga、FH3Gb、FH4Ga 和 FH4Gb 木柱加载至极限荷载 50%～65%开始出现细微的响声，同时也发出结构胶与 CFRP 筋材剥离的声音；随着进一步的加载，剥离现象愈加明显；加载至接近极限荷载时，剥离处周围的木纤维压溃，木纤维错位，试件破坏，部分试件出现筋材端部压溃的现象；破坏情况详见图 4.40(e)～图 4.40(h)。

(a) FH1Ga　　　　(b) FH1Gb　　　　(c) FH2Ga　　　　(d) FH2Gb

(e) FH3Ga　　　　(f) FH3Gb　　　　(g) FH4Ga　　　　(h) FH4Gb

图 4.40　内嵌 CFRP 筋材加固杉木柱的破坏形态

2. 松木柱

1) 未加固试件

PB0Ca 和 PB0Cb 木柱在加载过程中，木柱两侧出现沿试件表面的竖向裂缝，并且裂缝有不断扩展的趋势；最后加载至接近极限荷载时，试件沿着裂缝周围木纤维被压溃，试件破坏；破坏情况详见图 4.41(a) 和图 4.41(b)。

(a) PB0Ca　　　　　　(b) PB0Cb

图 4.41　未加固松木柱的破坏形态

2) CFRP 板材加固试件

PH1Eb、PH2Ea 和 PH2Eb 木柱加载至极限荷载 70%～80%开始出现细微的响声，并伴随着沿着试件表面竖向裂缝的产生；随着荷载的增加，沿着试件表面、结构胶与 CFRP 板材交界处和结构胶与木材交界处都开始出现竖向裂缝并且裂缝不断增大，直至木纤维错位和压溃，构件破坏情况详见图 4.42(a)～图 4.42(c)。PH1Ea 木柱加载过程未出现明显的破坏迹象，但是加载至 310kN，无法进一步加载。

PH3Ea、PH3Eb、PH4Ea 和 PH4Eb 木柱加载至极限荷载 60%～70%开始出现细微的响声同时伴随着结构胶与 CFRP 板材剥离的声音；随着荷载的增大，部分结构胶与 CFRP 板材和木材发生剥离；加载至接近极限荷载时，剥离处周围的木纤维压溃错位，试件破坏；破坏情况详见图 4.42(d)～图 4.42(g)。

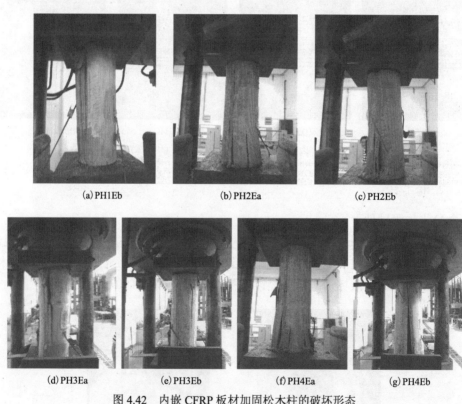

　(a) PH1Eb　　　　　　　(b) PH2Ea　　　　　　　(c) PH2Eb

(d) PH3Ea　　　　(e) PH3Eb　　　　(f) PH4Ea　　　　(g) PH4Eb

图 4.42　内嵌 CFRP 板材加固松木柱的破坏形态

3) CFRP 筋材加固试件

PH1Ga、PH1Gb、PH2Ga 和 PH2Gb 木柱加载至极限荷载 65%～75%开始出现细微的响声同时伴随着结构胶与 CFRP 筋材剥离的声音；随着荷载的增大，剥离现象愈加明显，并伴有部分小块结构胶飞出；加载至接近极限荷载时，剥离处周围的木纤维压溃,木纤维错位,试件破坏;破坏情况详见图 4.43(a)～图 4.43(d)。

PH3Ga、PH3Gb、PH4Ga 和 PH4Gb 木柱加载至极限荷载 50%～65%开始出现细微的响声;也出现了筋材剥离的现象,且剥离现象随着荷载的增加而更加明显,可以看到部分小块结构胶的飞出,加载至极限荷载木纤维压溃错位,部分试件出现筋材压溃的现象;破坏情况详见图 4.43(e)～图 4.43(h)。

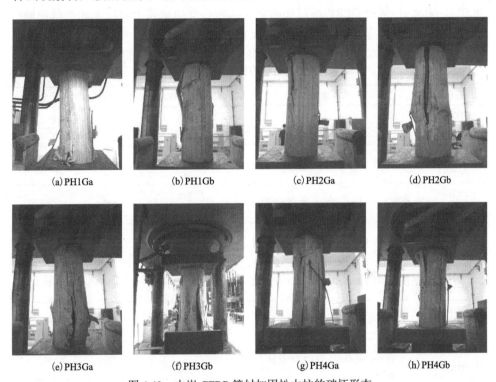

(a) PH1Ga　　(b) PH1Gb　　(c) PH2Ga　　(d) PH2Gb

(e) PH3Ga　　(f) PH3Gb　　(g) PH4Ga　　(h) PH4Gb

图 4.43　内嵌 CFRP 筋材加固松木柱的破坏形态

从上述的试验现象描述来看,无论是未加固试件还是加固试件,其最终的破坏都是木纤维的压溃、错位导致的。同一树种对于加固试件在加载过程中,板材和筋材都出现了一定程度的剥离,且筋材剥离的现象较板材更加明显。说明在受压时,CFRP 材料不能充分地发挥作用。虽然筋材和板材没有完全发挥其作用,但从极限受压承载力来看,木柱的轴心受压性能还是得到一定程度的提升。

4.3.3　试验结果

1. 轴心受压承载力

试验采用的是天然木材,虽然是同一批次的木材,但仍然无法避免其材料性能的离散性对试验结果的影响，所以试验结果基本上采用取平均值进行比较，对于承载力相差较大的情况，考虑天然材料力学性能离散性并结合试件自身实际情况予以取值。

1）杉木柱

与未加固试件比较，采用 CFRP 板材加固试件其轴心受压承载能力提高了28.0%～60.9%；采用 CFRP 筋材加固试件其轴心受压承载能力较未加固试件提高了 19.3%～46.0%。详细试验结果见表 4.16。

表 4.16　杉木柱轴心受压承载力试验结果

编号	加固情况	轴压极限承载力/kN	平均值/kN	提升情况/%
FB0Ca	未加固	245	217.5	—
FB0Cb		190		
FH1Ea	内嵌 2 片 1.4mm×30mm 的 CFRP 板材	270	278.5	28.0
FH1Eb		287		
FH2Ea	内嵌 2 片 2.8mm×30mm 的 CFRP 板材	315	320.0	47.1
FH2Eb		325		
FH3Ea	内嵌 4 片 1.4mm×30mm 的 CFRP 板材	276	298.0	37.0
FH3Eb		320		
FH4Ea	内嵌 4 片 2.8mm×30mm 的 CFRP 板材	355	350.0	60.9
FH4Eb		345		
FH1Ga	内嵌 2 根 ϕ6mm 的 CFRP 筋材	271	259.5	19.3
FH1Gb		248		
FH2Ga	内嵌 2 根 ϕ8mm 的 CFRP 筋材	255	272.5	25.3
FH2Gb		290		
FH3Ga	内嵌 4 根 ϕ6mm 的 CFRP 筋材	275	282.5	29.9
FH3Gb		290		
FH4Ga	内嵌 4 根 ϕ8mm 的 CFRP 筋材	320	317.5	46.0
FH4Gb		315		

注：木柱极限承载力的提高情况是将加固柱与未加固柱相比较而言的。

2）松木柱

与未加固试件相比较，采用 CFRP 板材加固试件其轴心受压承载能力提高了8.6%～19.8%；采用 CFRP 筋材加固试件其轴心受压承载能力较未加固试件提高了 2.2%～22.9%。详细试验结果见表 4.17。

表 4.17　松木柱轴心受压承载力试验结果

编号	加固情况	轴压极限承载力/kN	平均值/kN	提升情况/%
PB0Ca	未加固	295	290.0	—
PB0Cb		285		
PH1Ea	内嵌 2 片 1.4mm×30mm 的 CFRP 板材	310	315.0	8.6
PH1Eb		320		
PH2Ea	内嵌 2 片 2.8mm×30mm 的 CFRP 板材	340	335.0	15.5
PH2Eb		330		
PH3Ea	内嵌 4 片 1.4mm×30mm 的 CFRP 板材	340	340.0	17.2
PH3Eb		奇异值		
PH4Ea	内嵌 4 片 2.8mm×30mm 的 CFRP 板材	360	347.5	19.8
PH4Eb		335		
PH1Ga	内嵌 2 根 φ6mm 的 CFRP 筋材	240	244.0	—
PH1Gb		248		
PH2Ga	内嵌 2 根 φ8mm 的 CFRP 筋材	320	320.0	10.3
PH2Gb		奇异值		
PH3Ga	内嵌 4 根 φ6mm 的 CFRP 筋材	308	296.5	2.2
PH3Gb		285		
PH4Ga	内嵌 4 根 φ8mm 的 CFRP 筋材	345	356.5	22.9
PH4Gb		368		

注：试件 PH1Ga、PH1Gb 和 PH2Gb 均存在不同程度的初始缺陷，因此承载力偏低。

从表 4.16 和表 4.17 可以看出，对于杉木和松木试件采用内嵌纤维加固后试件的轴心受压承载力有了很大的提高，最大提高幅度分别达到了 60.9%和 22.9%，试验结果体现了一定的规律性——同一树种采用同一材料加固时，随着加固量的增加其轴心极限受压承载力也增加。

同时从上述试验结果也可以看出，同一树种、同种加固材料，当加固量相同时，采用不同加固方式时，对其轴心受压承载力的影响不是很大，两者平均值相差在 8%之内。

2. 荷载-应变曲线

1)杉木柱

图 4.44 和图 4.45 为试件的荷载-纵向应变曲线，其荷载-纵向应变曲线基本呈线性，其中加固试件的塑性变形较小；加固试件纵向极限压应变较未加固试件的极限压应变没有很大的提高，但其承载力得到提高，主要是加固材料对承载力

的贡献。

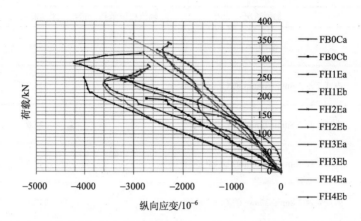

图 4.44　未加固杉木柱和内嵌 CFRP 板材加固杉木柱的荷载-纵向应变曲线

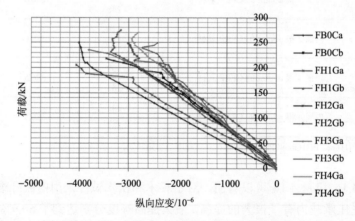

图 4.45　未加固杉木柱和内嵌 CFRP 筋材加固杉木柱的荷载-纵向应变曲线

从图 4.44 和图 4.45 所示的荷载-纵向应变曲线可以看出，采用的 CFRP 板材和筋材加固的大部分试件弹性阶段的刚度较未加固试件弹性阶段的刚度有了提高，说明加固材料能够很好地与木材共同工作，抵抗荷载作用。

2) 松木柱

图 4.46 和图 4.47 为试件的荷载-纵向应变曲线，采用 CFRP 板材加固试件的荷载-纵向应变曲线基本呈线性，试件的塑性变形较小；采用 CFRP 筋材加固试件的荷载-纵向应变曲线则呈现一定程度的非线性，主要是由于加载至后期存在塑性变形；加固试件纵向极限压应变较未加固试件的极限压应变没有很大的提高，但其承载力得到提高，主要是加固材料对承载力的贡献。

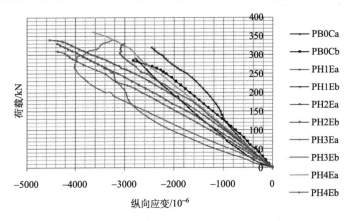

图 4.46　未加固松木柱和内嵌 CFRP 板材加固松木柱的荷载-纵向应变曲线

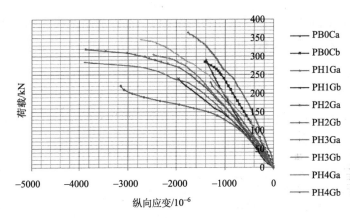

图 4.47　未加固松木柱和内嵌 CFRP 筋材加固松木柱的荷载-纵向应变曲线

　　从图 4.46 和图 4.47 所示的荷载-应变曲线可以看出，大部分采用 CFRP 板材和筋材加固的试件弹性阶段的刚度较未加固试件弹性阶段的刚度没有得到很好的提高，也说明了采用该种加固方法对于松木柱在轴心受压承载力方面的提升效果没有对于杉木柱的提升效果好，但是加固后的松木柱其延性得到一定的提升。

　　3) 不同树种荷载-应变曲线对比

　　对于未加固试件，如图 4.48 所示，对比杉木和松木的荷载-纵向应变可以看出，从弹性阶段的刚度来说松木柱的受压性能较杉木要好，但是从荷载-纵向应变曲线上可以看出松木柱没有明显的塑性屈服阶段，其塑性变形较杉木而言不是很好。

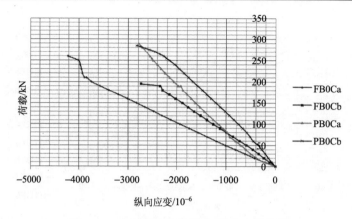

图 4.48　未加固木柱的荷载-纵向应变曲线

对于内嵌 CFRP 板材加固试件和内嵌 CFRP 筋材加固试件，如图 4.49 和图 4.50 所示，对比杉木和松木荷载-纵向应变曲线可以看出，加固后的杉木柱和松木柱弹性阶段的刚度基本上相同，曲线的斜率相差不是很大。同时可以看出部分松木试件加固后出现明显的塑性屈服阶段。

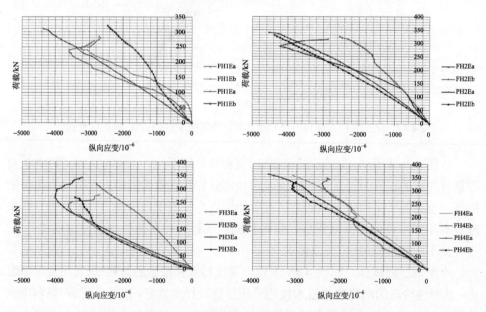

图 4.49　内嵌 CFRP 板材加固木柱的荷载-纵向应变曲线

可以总结如下：采用相同嵌入 CFRP 加固后杉木柱其弹性阶段的刚度较松木柱得到一定的提高；同时松木柱的延性较杉木柱得到一定的提高；但二者加固后的刚度没有很大的差别，说明采用相同加固形式下，不同树种对试件弹性阶段的刚度没有很大的影响。

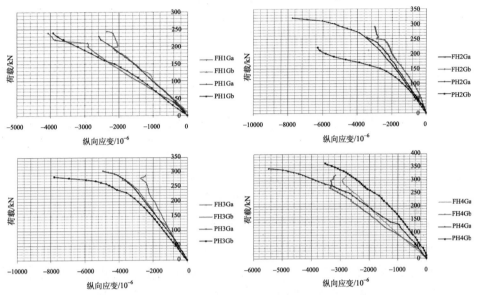

图 4.50　内嵌 CFRP 筋材加固木柱的荷载-纵向应变曲线

4)不同加固方式下荷载-应变曲线对比

不同加固方式的对比需要在相同树种、相同加固材料、相同加固量下才能实现。在这里主要对比内嵌 2 片 2.8mm×30mm CFRP 板材和 4 片 1.4mm×30mm CFRP 板材以及内嵌 2 根 ϕ8mm CFRP 筋材和 4 根 ϕ6mm CFRP 筋材(两者加固量基本相同)的荷载-应变曲线。

从图 4.51 和图 4.52 可以看出,CFRP 板材加固试件在同等加固量下采用 4 片板材加固后的试件其弹性阶段的刚度较 2 片加固后试件刚度要好;而对于 CFRP 筋材加固试件同等加固量下则不存在这样的情况,两种加固方式下的试件弹性阶段的刚度基本相同,影响不大。

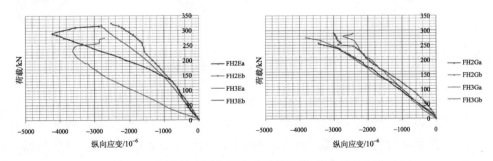

图 4.51　杉木柱不同加固方式下的荷载-纵向应变曲线

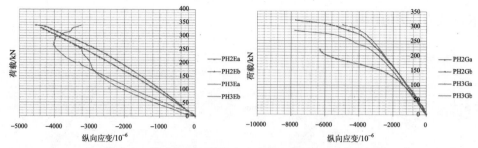

图 4.52   松木柱不同加固方式下的荷载–纵向应变曲线

4.3.4   数值模拟

1. 内嵌 CFRP 板加固圆木柱轴心受压性能

1)有限元模型建立

试验试件的数量有限，无法进行更多情况下的数据分析，因此，本书采用有限元方法进一步对内嵌 CFRP 板加固圆木柱的轴心受压性能进行参数分析。在 ANSYS 中建立有限元模型，如图 4.53(a)所示。木材、CFRP 板及结构胶均采用 Solid95 单元进行模拟，根据试验结果可知，木柱、结构胶和纤维板之间连接可靠，因此本次分析不考虑黏结滑移，且为了避免木材端部完全破坏导致 ANSYS 计算提前终止，将两端的单元屈服极限适当放大。CFRP 板网格划分较密，为了使计算的同时保证精度和效率，本次计算 2 片与 4 片 CFRP 板时，分别采用二分之一等效模型与四分之一等效模型，如图 4.53(b)和图 4.53(c)所示。

(a)完整模型   (b)二分之一等效模型   (c)四分之一等效模型

图 4.53   内嵌 CFRP 板加固圆木柱受压性能的有限元模型

木材是正交各向异性材料，有 L、R、T 三个方向的弹性模量、泊松比、剪切弹性模量共 9 个独立的弹性常数，参考本书进行的材性试验测得数据可设置表 4.18 所示木材的弹性参数，另外配套结构胶的强度参数根据厂家提供的数据进行设置。

表 4.18　木材弹性参数

木种	E_L/MPa	E_R/MPa	E_T/MPa	μ_{LT}	μ_{LR}	μ_{RT}	G_{LT}/MPa	G_{LR}/MPa	G_{RT}/MPa
松木	12204	1220	610	0.1	0.1	0.35	732	854	219
杉木	10263	1026	513	0.1	0.1	0.35	616	718	185

注：E 为弹性模量。G 为剪切弹性模量。μ_{ij} 是泊松比 j 方向压缩应变除以 i 方向拉伸应变。L 表示纵向；R 表示径向；T 表示弦向；RT 表示横截面；LR 表示直径截面；LT 表示切向截面。

　　CFRP 板的破坏准则采用 Mises 屈服准则，结构胶和木材的破坏准则采用广义 Hill 屈服准则。本书木材极限强度为清材小样试验测得，因此需要考虑天然缺陷影响系数、干燥缺陷影响系数、长期荷载影响系数和尺寸影响系数的影响。

　　2)有限元模型验证

　　图 4.54 为未加固木柱、内嵌 2 片 1.4mm×30mm CFRP 板加固木柱、内嵌 2 片 2.8mm×30mm CFRP 板加固木柱、内嵌 4 片 1.4mm×30mm CFRP 板加固木柱、内嵌 4 片 2.8mm×30mm CFRP 板加固木柱的荷载-应变曲线。表 4.19 为试验结果和有限元计算得出的极限荷载值的对比分析。

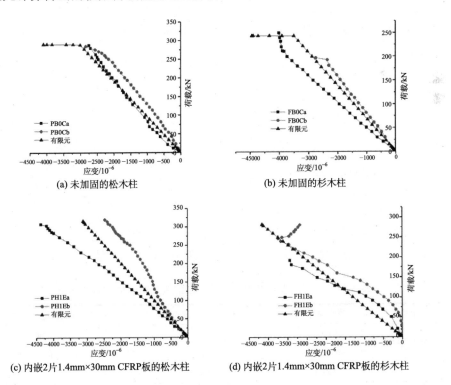

(a) 未加固的松木柱　　　　　　　　　　(b) 未加固的杉木柱

(c) 内嵌2片1.4mm×30mm CFRP板的松木柱　　　(d) 内嵌2片1.4mm×30mm CFRP板的杉木柱

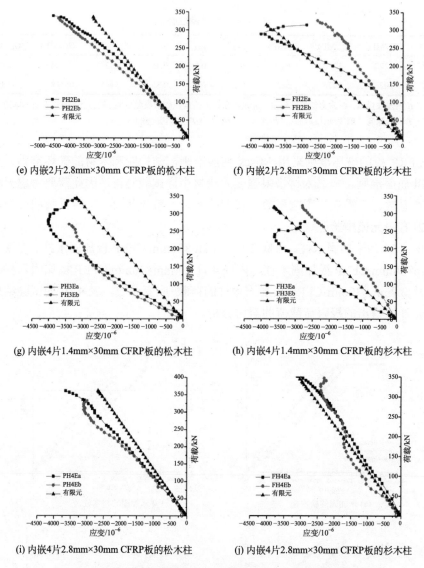

(e) 内嵌2片2.8mm×30mm CFRP板的松木柱　　(f) 内嵌2片2.8mm×30mm CFRP板的杉木柱

(g) 内嵌4片1.4mm×30mm CFRP板的松木柱　　(h) 内嵌4片1.4mm×30mm CFRP板的杉木柱

(i) 内嵌4片2.8mm×30mm CFRP板的松木柱　　(j) 内嵌4片2.8mm×30mm CFRP板的杉木柱

图 4.54　试验结果与有限元计算的荷载-应变曲线比较

表 4.19　试验结果和有限元计算得出的极限荷载值的对比分析

木柱	试件编号	极内嵌承载力/kN	有限元与试验值之间的误差/%
未加固柱 （松木）	PB0Ca	295	1.58
	PB0Cb	285	1.86
	有限元	290.41	—

续表

木柱	试件编号	极内嵌限承载力/kN	有限元与试验值之间的误差/%
加固柱 (松木)	PH1Ea	310	2.17
	PH1Eb	320	0.99
	有限元	316.87	—
	PH2Ea	340	1.42
	PH2Eb	330	1.57
	有限元	335.25	—
	PH3Ea	340	0.23
	PH3Eb	270	—
	有限元	340.79	—
	PH4Ea	360	0.13
	PH4Eb	335	7.07
	有限元	360.47	—
未加固柱 (杉木)	FB0Ca	245	0.36
	FB0Cb	190	—
	有限元	244.12	—
加固柱 (杉木)	FH1Ea	270	4.27
	FH1Eb	287	1.76
	有限元	282.03	—
	FH2Ea	315	0.24
	FH2Eb	325	3.42
	有限元	314.25	—
	FH3Ea	276	—
	FH3Eb	320	0.96
	有限元	316.96	—
	FH4Ea	355	0.34
	FH4Eb	345	2.48
	有限元	353.79	—

注：1. PH3Eb、FB0Cb、FH3Ea 构件由于存在初始缺陷，发生早期破坏。
　　2. 木材力学性能的离散性、圆木柱材质的好坏及加载方式的偏差对试验结果均有一定影响。

　　由图 4.54 和表 4.19 可以看出，去除一些因木材力学性能离散性与材质好坏引起的偏差，有限元方法计算获得的木柱荷载-应变曲线、极限承载力和试验结果相比较为接近，因此可以认为模型误差在可以接受的范围内。

3) 纤维板加固的合理性

为研究 CFRP 板加固木柱的优势, 本节设计了下述五个试件进行有限元计算:①无缺陷加固杉木柱, ②开凿后未加固杉木柱, ③纯结构胶补强杉木柱, ④纯纤维板加固杉木柱, ⑤内嵌 4 片 2.8mm×30mm CFRP 板的杉木柱, 结合 ANSYS 进行计算, 得到图 4.55 所示的应变位移曲线与表 4.20 所示的极限承载力。

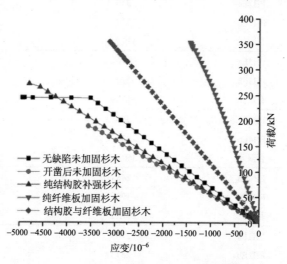

图 4.55　不同加固形式对构件极限荷载的影响

表 4.20　有限元计算结果

试件名称	极限承载力/kN	增强幅度/%
无缺陷加固杉木柱	244.12	—
开凿后未加固杉木柱	188.24	−22.89
纯结构胶补强杉木柱	271.39	11.17
纯纤维板加固杉木柱	352.94	44.58
内嵌 4 片 2.8mm×30mm CFRP 板的杉木柱	353.79	44.92

计算结果表明, 杉木柱开凿后极限承载力会下降 22.89%, 而纯结构胶补强后会增加 11.17% 的极限承载力, 纯纤维板加固的杉木柱(结构胶仅起连接作用)极限承载力会提高 44.58%, 内嵌 4 片 2.8mm×30mm CFRP 板的杉木柱则会提高 44.92%；而纯纤维板的加固形式不仅不经济, 而且极限承载力提高反而不如试件⑤,这是因为此时加固试件属于超配体(即配纤维率过高), 引起了木材与结构胶连接处木材的剪切破坏, 如图 4.56 所示。

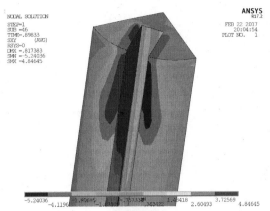

图 4.56　与结构胶连接处木材的剪切破坏

4) 强度计算与分析

　　根据修正后的模型计算,对两块纤维板加固后结构与四块纤维板加固后结构进行强度分析。图 4.57(a) 表示两块纤维板加固后柱体的第一主应力分布云图,相比未加固柱体,加固后整体应力分布更为均匀,且最大应力值有所提高;图 4.57(b) 表示两块纤维板加固后柱体的第三主应力分布云图,可以看出加固后第三主应力分布发生了较大变化,从均匀分布的压应力,变为由结构胶往外呈辐射状增大,且最大应力值显著提高;图 4.57(c) 表示两块纤维板加固后柱体的 Mises 应力分布云图,该分布情况与第三主应力分布情况类似。图 4.57(d)～(f) 表示两块纤维板加固后柱体的剪应力分布云图,其中图 4.57(d) 表示 XY 剪应力云图,图 4.57(e)表示 XZ 剪应力云图,图 4.57(f) 表示 YZ 剪应力云图,从图中可知,加固后 XY 向结构胶附近的柱体所受剪力有了显著升高。图 4.57(g)～(i) 表示两块纤维板加固后柱体的应变分布云图,其中图 4.57(g) 表示弹性应变云图,图 4.57(h) 表示塑性应变云图,图 4.57(i) 表示总应变云图,从图中可知,加固后弹性与塑性应变都有了较大提升。图 4.57(j) 为两块纤维板加固后柱体的总体位移云图,从图中可知位移大小约为 1.4mm,分布较为均匀。图 4.57(k) 为纤维板 Mises 应力云图,从图中可知纤维板远未达到屈服强度。

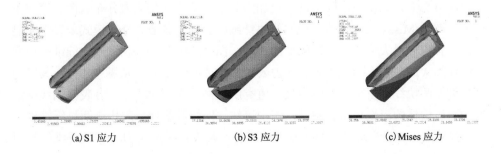

(a) S1 应力　　　　　　　　(b) S3 应力　　　　　　　　(c) Mises 应力

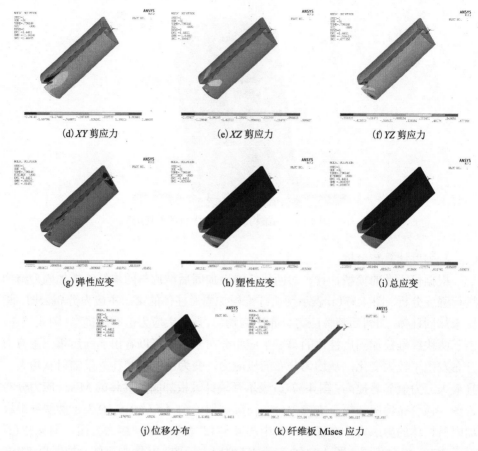

(d) XY 剪应力　　　　　　　　(e) XZ 剪应力　　　　　　　　(f) YZ 剪应力

(g) 弹性应变　　　　　　　　　(h) 塑性应变　　　　　　　　　(i) 总应变

(j) 位移分布　　　　　　　(k) 纤维板 Mises 应力

图 4.57　内嵌 CFRP 板加固木柱的有限元计算结果(两块纤维板)

　　图 4.58 表示内嵌 CFRP 板加固木柱中结构胶的有限元计算结果。图 4.58(a)～
(c)表示结构胶第一主应力、第三主应力、Mises 应力的分布情况,从图中可知胶
体整体应力较小,仅在端部出现破坏。图 4.58(d)～(f)表示结构胶 XY 应力、XZ
应力、YZ 应力的分布情况,从图中可知胶体整体受剪较小,仅在端部与梁体相交
处有较大应力。

　　图 4.59(a)～(c)表示四块纤维板加固后柱体的第一主应力分布云图、第三主
应力云图与 Mises 应力云图,相比两块纤维板加固,其应力分布模式未发生明显
变化,各应力最大值有了一定幅度的提升。图 4.59(d)～(f)表示四块纤维板加固
后柱体的 XY 剪应力云图、XZ 剪应力云图、YZ 剪应力云图,从图中可知,其应力
分布类似两块纤维板加固,应力最大值有所提高。图 4.59(g)～(i)表示四块纤维
板加固后柱体的应变分布云图,从图中可知,四块纤维板加固相比两块纤维板加
固,其弹性应变提高幅度远小于塑性应变提高幅度;图 4.59(j)为四块纤维板加固

后柱体的总体位移云图,从图中可知位移大小约为 1.7mm,分布较为均匀;图 4.59(k)为纤维板 Mises 应力云图,相较两块纤维板加固的模式,四块纤维板加固时,每块纤维板在木柱屈服荷载下的极限应力相较两块纤维板时更小。

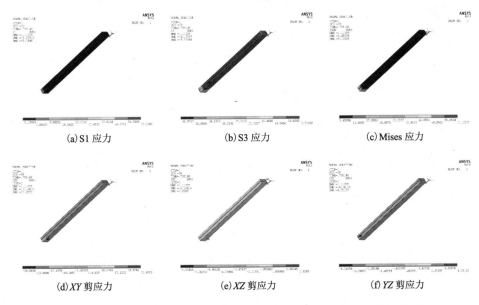

(a) S1 应力　　(b) S3 应力　　(c) Mises 应力

(d) XY 剪应力　　(e) XZ 剪应力　　(f) YZ 剪应力

图 4.58　内嵌 CFRP 板加固木柱中结构胶的有限元计算结果(两块纤维板)

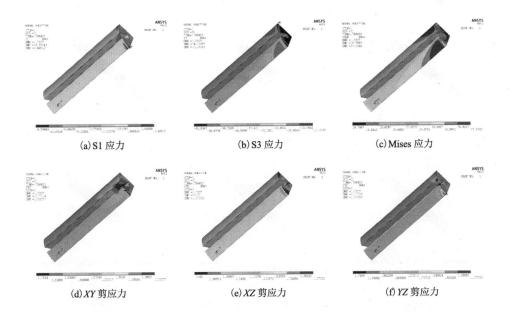

(a) S1 应力　　(b) S3 应力　　(c) Mises 应力

(d) XY 剪应力　　(e) XZ 剪应力　　(f) YZ 剪应力

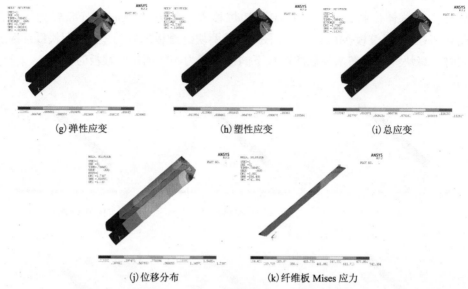

(g)弹性应变　　　　　　　　(h)塑性应变　　　　　　　　(i)总应变

(j)位移分布　　　　　　　　　　(k)纤维板 Mises 应力

图 4.59　内嵌 CFRP 板加固木柱的有限元计算结果(四块纤维板)

图 4.60 表示内嵌 CFRP 板加固木柱中结构胶的有限元计算结果。图 4.60(a)～
(c)表示结构胶第一主应力、第三主应力、Mises 应力的分布情况。图 4.60(d)～
(f)表示结构胶 XY 应力、XZ 应力、YZ 应力的分布情况，从图中可知胶体整体应
力分布情况与两块纤维板加固类似，但最大值有所提高。

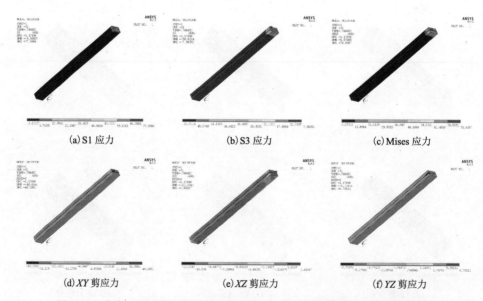

(a)S1 应力　　　　　　　　　(b)S3 应力　　　　　　　　(c)Mises 应力

(d)XY 剪应力　　　　　　　　(e)XZ 剪应力　　　　　　　(f)YZ 剪应力

图 4.60　内嵌 CFRP 板加固木柱中结构胶的有限元计算结果(四块纤维板)

2. 内嵌 CFRP 筋加固圆木柱轴心受压性能

1) 有限元模型建立

试验试件的数量有限,无法进行更多情况下的数据分析,因此,本书采用有限元方法进一步对内嵌 CFRP 筋加固圆木柱的轴心受压性能进行参数分析。在 ANSYS 中建立有限元模型,如图 4.61(a)所示。木材、CFRP 筋及结构胶均采用 Solid95 单元进行模拟,根据试验结果可知,木柱、结构胶和纤维筋之间连接可靠,因此本次分析不考虑黏结滑移,且为了避免木材端部完全破坏导致 ANSYS 计算提前终止,将两端的单元屈服极限适当放大。由于 CFRP 筋网格划分较密,为了使计算的同时保证精度和效率,本次计算 CFRP 筋加固木柱受压承载力时,采用四分之一等效模型,如图 4.61(b)所示。

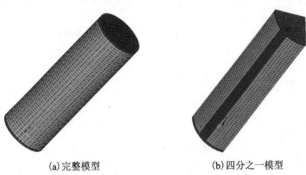

(a)完整模型　　　　　　　　　(b)四分之一模型

图 4.61　内嵌 CFRP 筋加固圆木柱受压性能的有限元模型

木材是正交各向异性材料,有 L、R、T 三个方向的弹性模量、泊松比、剪切弹性模量共 9 个独立的弹性常数,参考本书进行的材性试验测得数据可设置表 4.21 所示木材的弹性参数。另外配套结构胶的强度参数根据厂家提供的数据进行设置。

表 4.21　木材弹性参数

木种	E_L/MPa	E_R/MPa	E_T/MPa	μ_{LT}	μ_{LR}	μ_{RT}	G_{LT}/MPa	G_{LR}/MPa	G_{RT}/MPa
松木	12204	1220	610	0.1	0.1	0.35	732	854	219
杉木	10263	1026	513	0.1	0.1	0.35	616	718	185

注:E 为弹性模量。G 为剪切弹性模量。μ_{ij} 是泊松比 j 方向压缩应变除以 i 方向拉伸应变。L 表示纵向;R 表示径向;T 表示弦向;RT 表示横截面;LR 表示直径截面;LT 表示切向截面。E,G 的单位是 MPa。

CFRP 筋的破坏准则采用 Mises 屈服准则,结构胶和木材的破坏准则采用广义 Hill 屈服准则。本书木材极限强度为清材小样试验测得,因此需要考虑天然缺陷影响系数、干燥缺陷影响系数、长期荷载影响系数和尺寸影响系数的影响。

2）有限元模型验证

图 4.62 为未加固木柱、内嵌 4 根 ϕ6mm CFRP 筋材加固木柱、内嵌 4 根 ϕ8mm CFRP 筋材加固木柱的荷载-应变曲线，表 4.22 为试验结果和有限元计算得出的极限荷载值的对比分析。

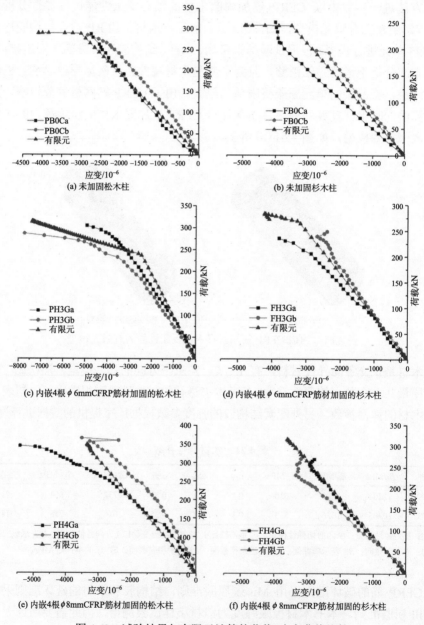

图 4.62　试验结果与有限元计算的荷载-应变曲线比较

表 4.22　试验结果和有限元计算得出极限荷载值的对比分析

木柱	试件编号	极限承载力/kN	有限元与试验值之间的误差/%
未加固柱 (松木)	PB0Ca	295	1.58
	PB0Cb	285	1.86
	有限元	290.40	—
加固柱 (松木)	PH3Ga	308	1.93
	PH3Gb	285	9.25
	有限元	314.05	—
	PH4Ga	345	0.90
	PH4Gb	368	5.70
	有限元	348.14	—
未加固柱 (杉木)	FB0Ca	245	0.36
	FB0Cb	190	—
	有限元	244.12	—
加固柱 (杉木)	FH3Ga	275	2.76
	FH3Gb	290	2.55
	有限元	282.80	—
	FH4Ga	320	1.14
	FH4Gb	315	0.44
	有限元	316.39	—

注：1. FB0Cb 构件由于存在初始缺陷，发生早期破坏。
　　2. 木材力学性能的离散性、圆木柱材质的好坏及加载方式的偏差对试验结果均有一定影响。

由图 4.62 和表 4.22 可以看出，去除一些因木材力学性能离散性与材质好坏引起的偏差，有限元方法计算的木柱荷载-应变曲线、极限承载力和试验结果相比较为接近，因此可以认为模型误差在可以接受的范围内。

3) 内嵌 CFRP 筋加固木柱的合理性

为研究 CFRP 筋加固木柱的优势，本节设计了下述五个试件进行有限元计算：①无缺陷未加固松木柱，②开凿后未加固松木柱，③纯结构胶补强松木柱，④纯 CFRP 材料加固松木柱(结构胶仅起连接作用)，⑤内嵌 4 根 ϕ8mm CFRP 筋材加固松木柱，结合 ANSYS 进行计算，得到图 4.63 所示的应变-位移曲线与表 4.23 所示的极限承载力。

表 4.23　试验结果与有限元计算结果的比较

试件名称	极限承载力/kN	增强幅度/%
无缺陷未加固松木柱	290.41	—
开凿后未加固松木柱	229.56	−20.95
纯结构胶补强松木柱	303.61	4.55
纯 CFRP 材料加固松木柱	346.76	19.40
内嵌 4 根 ϕ8mm CFRP 筋材加固松木柱	348.15	19.88

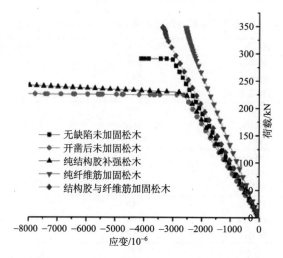

图 4.63　不同加固形式对构件极限荷载的影响

计算结果表明，松木柱开凿后极限承载力会下降 20.95%，而纯结构胶补强后会增加 4.55%的极限承载力，纯 CFRP 材料加固的松木柱极限承载力会提高 19.40%，内嵌 4 根 ϕ8mm CFRP 筋材加固的松木柱则会提高 19.88%；而纯 CFRP 材料的加固形式不仅不经济，而且极限承载力提高反而不如试件⑤,这是因为此时加固试件属于超配体(即配纤维率过高)，引起了木材与结构胶连接处木材的剪切破坏，如图 4.64 所示。

图 4.64　与结构胶连接处木材的剪切破坏

4)强度计算与分析

根据修正后的模型计算，对纤维筋加固后结构进行强度分析。图 4.65(a)～(c)表示纤维筋加固后柱体的第一主应力、第三主应力、Mises 应力分布云图，三种应力分布模式类似，均为靠近荷载端由于荷载与胶体共同作用导致的应力突变，远离荷载端则应力分布较为均匀，接近屈服值。图 4.65(d)~(f)表示纤维筋加固后柱体的剪应力分布云图，其中图 4.65(d)表示 XY 剪应力云图，图 4.65(e)表示 XZ 剪应力云图，图 4.65(f)表示 YZ 剪应力云图，从图中可知，加固后结构胶附近的柱体 XY 向所受剪力有了显著升高，相邻两根加固筋连线中点处 YZ 向所受剪力有所提高。图 4.65(g)~(i)表示纤维筋加固后柱体的应变分布云图，其中图 4.65(g)表示弹性应变云图，图 4.65(h)表示塑性应变云图，图 4.65(i)表示总应变云图，从图中可知，加固后弹性与塑性应变都有了较大提升；图 4.65(j)为纤维筋加固后柱体的总体位移云图，从图中可知位移大小约为 3.1mm，分布较为均匀；图 4.65(k)为纤维筋 Mises 应力云图，从图中可知纤维筋远未达到屈服强度。

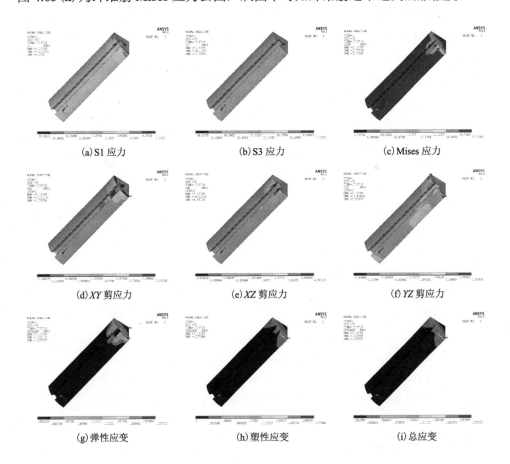

(a) S1 应力　　(b) S3 应力　　(c) Mises 应力

(d) XY 剪应力　　(e) XZ 剪应力　　(f) YZ 剪应力

(g) 弹性应变　　(h) 塑性应变　　(i) 总应变

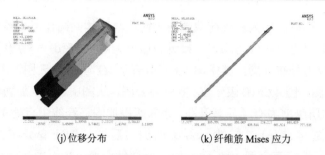

(j)位移分布　　　　　　　　　　(k)纤维筋 Mises 应力

图 4.65　内嵌 CFRP 筋加固木柱的有限元计算结果

图 4.66 表示内嵌 CFRP 筋加固木柱后体内结构胶的有限元计算结果。图 4.66(a)～(c)表示结构胶第一主应力、第三主应力、Mises 应力的分布情况；图 4.66(d)～(f)表示结构胶 XY 应力、XZ 应力、YZ 应力的分布情况，从图中可知荷载施加端胶体应力较大，较易发生破坏，但由于柱体的约束作用，局部的胶体破坏不会造成整体结构承载力降低，以及与 CFRP 筋丧失共同工作能力的情况，因此可以认为该加固方式下，按照施工工艺完成的结构胶强度总是满足承载要求的。

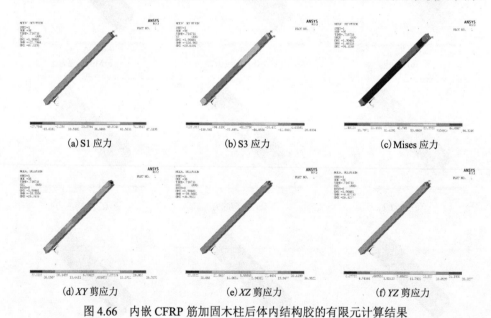

(a)S1 应力　　　　　　(b)S3 应力　　　　　　(c)Mises 应力

(d)XY 剪应力　　　　　(e)XZ 剪应力　　　　　(f)YZ 剪应力

图 4.66　内嵌 CFRP 筋加固木柱后体内结构胶的有限元计算结果

4.3.5　理论分析

1. 现有内嵌 CFRP 筋增强混凝土柱轴心受压的计算方法

目前已存在的 CFRP 筋增强混凝土柱轴心受压的试验研究[6-9]表明：由于在加

载后期 CFRP 筋与混凝土的应变不协调，且在最终破坏时，混凝土被压碎并有可能接着发生 CFRP 筋受压断裂，且最终的残余承载力很小，因此引入承载力折减系数考虑 CFRP 筋承载力的折减。

CFRP 筋增强混凝土轴心受压柱承载力计算时，根据几何关系和平衡关系并考虑 CFRP 筋的破坏形式可得[6]

$$N = N_c + N_{CFRP} = f_c A_c + \lambda E'_{CFRP} \varepsilon'_{CFRP} A_{CFRP} \tag{4.25}$$

其中，N 为 CFRP 筋增强混凝土轴心受压承载力；N_c 为混凝土承受的压力；N_{CFRP} 为 CFRP 筋承受的压力；E'_{CFRP} 为 CFRP 筋的受压弹性模量；ε'_{CFRP} 为 CFRP 筋的压应变，建议取 $\varepsilon'_{CFRP} = 0.0075$；$f_c$ 为混凝土轴心受压强度设计值；A_c 为混凝土的截面面积；A_{CFRP} 为 CFRP 筋的截面面积；λ 为承载力折减系数。

对比混凝土和木材的受压本构关系，两者受压时均表现为弹塑性，只是屈服前有一些差别：混凝土在屈服前的本构关系为抛物线，木材屈服前的本构关系曲线为直线，如图 4.67 所示。同时二者的破坏模式也类似，所以对于内嵌 CFRP 板(筋)材加固木柱轴心受压的计算模型可以参考 CFRP 筋增强混凝土柱轴心受压的计算模型。

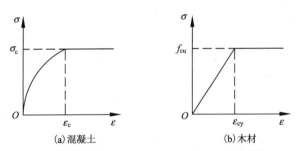

图 4.67　现有的混凝土和木材受压应力-应变理论模型

2. 现有的 CFRP 材料受压性能的试验成果

由于 CFRP 材料的受压性能对内嵌 CFRP 材料加固木柱轴心受压的力学性能有着很大的影响，在推导内嵌 CFRP 材料加固木柱轴心受压的计算公式时，首先要了解其 CFRP 材料的受压性能参数。

试验材料供应商没有提供相应材料的受压力学参数。由于试验条件的限制，在试验中也没有进行 CFRP 材料的受压材性试验。在此参考已有的一些研究成果。

大量的试验数据表明 CFRP 材料的受压强度为受拉强度的 30%～50%，其受压弹性模量为受拉弹性模量的 75%～85%，且 CFRP 材料受压时也呈现弹性的特性。由于 CFRP 材料力学性能的离散型较小，数据可供参考。

本次试验的 CFRP 材料受压的力学参数近似参考已有的试验研究[7-13]，其受压强度取值为受拉强度的 30%，其弹性模量取值为受拉弹性模量的 80%。 其受压的力学参数如表 4.24 所示。

表 4.24　CFRP 材料受压力学参数

材料	受压强度标准值/MPa	受压弹性模量/GPa
CFRP 板材	780	144
CFRP 筋材	600	72

3. 内嵌 CFRP 板(筋)材加固木柱轴心受压的计算方法

对于未加固试件，其轴心受压承载力计算比较简单即

$$N_n = A_w f_{cu} \tag{4.26}$$

其中，N_n 为未加固木柱的轴心受压承载力(N)；A_w 为轴心受压木柱木材截面面积(mm^2)；f_{cu} 为木材的极限抗压强度(MPa)。

将本次木材的强度值代入式(4.26)计算，可得计算值与试验值吻合较好，两者相差在 5%～10%(表 4.25)。

表 4.25　未加固木柱试件的试验值和式(4.26)的计算值

木材	试件编号	试验值/kN	计算值/kN
杉木	FB0Ca	245	237.8
	FB0Cb	190	
松木	PB0Ca	295	268.8
	PB0Cb	285	

对于加固试件的轴心受压承载力计算，参考上述式(4.25)关于 CFRP 筋增强混凝土的轴心受压承载力的公式，可以写成：

$$N = N_w + N_{CFRP} = f_{cu} A_w + \lambda_1 E'_{CFRP} \varepsilon'_{CFRP} A_{CFRP} \tag{4.27}$$

其中，N 为加固木柱的轴心受压承载力(N)；N_w 为木材所承受的压力(N)；N_{CFRP} 为 CFRP 材料承受的压力(N)；A_w 为轴心受压木柱木材截面面积(mm^2)；f_{cu} 为木材的极限抗压强度(MPa)；λ_1 为考虑 CFRP 材料不能充分发挥作用的折减系数；E'_{CFRP} 为 CFRP 材料的受压弹性模量；ε'_{CFRP} 为 CFRP 材料的受压应变；A_{CFRP} 为 CFRP 材料面积。

由于木材受压是一个弹塑性过程，且过程中塑性变形较大，塑性阶段木材将不再贡献承载力，而 CFRP 材料将继续贡献承载力，对于式(4.27)中 ε_{CFRP} 按照极

限应变取值，即板材取值为 0.0054、筋材为 0.0083，同时考虑破坏时出现的剥离情况，即 CFRP 材料不能充分发挥作用，给予系数 λ_1 折减[14, 15]，对试验数据进行回归分析后，取 $\lambda_1 = 0.65$，表 4.26 为回归分析后代入式(4.27)后的计算值和试验值。

表 4.26　加固木柱试件的试验值和式(4.27)的计算值

木材	试件编号	试验值/kN	计算值/kN
杉木	FH1Ea	270	252.8
	FH1Eb	287	
	FH2Ea	315	295.3
	FH2Eb	325	
	FH3Ea	276	268.1
	FH3Eb	320	
	FH4Ea	355	353.3
	FH4Eb	345	
	FH1Ga	271	245.8
	FH1Gb	248	
	FH2Ga	255	263.0
	FH2Gb	290	
	FH3Ga	275	254.3
	FH3Gb	290	
	FH4Ga	320	288.3
	FH4Gb	315	
松木	PH1Ea	310	280.1
	PH1Eb	320	
	PH2Ea	340	323.1
	PH2Eb	330	
	PH3Ea	340	292.3
	PH3Eb	270	
	PH4Ea	360	377.5
	PH4Eb	335	
	PH1Ga	240	275.4
	PH1Gb	248	
	PH2Ga	320	292.6
	PH2Gb	240	
	PH3Ga	308	282.1
	PH3Gb	285	
	PH4Ga	345	316.2
	PH4Gb	368	

注：试件 PH1Ga、PH1Gb 和 PH2Gb 构件破坏均有不同程度的初始缺陷，因此承载力偏低。

4.4　本章小结

　　本章通过对内嵌 CFRP 板加固木梁受弯性能和木柱受压性能、内嵌 CFRP 筋加固木梁受弯性能和木柱受压性能的试验研究，结合理论分析，给出了相应的承载力计算公式。

　　(1)未加固试验构件均为木梁底部跨中位置木纤维拉断这样的受弯破坏；采用内嵌 CFRP 板(筋)加固的木梁主要的破坏方式有两种，主要为木梁底部跨中位置木纤维拉断的受弯破坏，少量的试件在截面 1/3～1/2 高度处沿木梁长度方向出现纵向剪切破坏的现象，这与杉木木纤维间相互作用有关。

　　(2)采用内嵌 CFRP 板材和 CFRP 筋材加固的杉木梁受弯极限承载力提高了 2.2%～34.8%；采用内嵌 CFRP 板材和 CFRP 筋材加固的松木梁受弯极限承载力提高了 7.8%～30.7%；通过对比可以看出采用板材加固的效果较筋材的加固效果好，同时内嵌 CFRP 板(筋)材加固杉木梁的效果要比加固松木梁效果好。

　　(3)从荷载-挠度曲线来看，内嵌 CFRP 板(筋)加固后的木梁其弹性阶段的刚度和塑性阶段的延性都得到了一定的提高，说明加固后的木梁能够很好地弥补原有的一些缺陷，更好地承受荷载作用；对比不同树种试件可以看出，加固后的杉木梁其弹性阶段提高较松木梁明显；对比不同加固方式下的结果表明，加固方式对试件弹性阶段的刚度影响不是很明显。

　　(4)从木柱的破坏形式可以看出：木柱的轴心受压试验破坏均是以木纤维压溃致使木柱失去承载能力；采用内嵌 CFRP 板(筋)材加固的试件在木纤维压溃之前都出现不同程度加固材料与木柱剥离的情况，采用 CFRP 筋材加固的试件其剥离现象较 CFRP 板材加固试件的情况更加明显。

　　(5)对于未加固的试件，松木柱的轴心受压性能比杉木柱的轴心受压性能好；采用内嵌 CFRP 板(筋)材加固的试件，其轴心受压承载能力较未加固试件得到了一定的提高(杉木提高了 19.3%～60.9%，松木提高了 2.2%～22.9%)，杉木试件提高效果较松木试件明显；相同树种、相同加固材料、相同加固量的情况下，不同加固方式对承载力影响较小；同时试验结果也表明无论对于杉木还是松木，随着加固材料量的增加其极限轴心受压承载力得到提高。

　　(6)从荷载-应变曲线上可以看出，对于未加固试件，松木柱的弹性阶段刚度较杉木柱要好，但是较杉木而言，松木柱没有明显的塑性变形；加固材料很好地弥补了木柱原有的一些缺陷，加固后杉木试件的刚度得到一定程度的提高，加固后的松木试件其延性得到一定程度的提高；树种的不同对加固后刚度延性影响不大；CFRP 板材加固时，不同加固方式对试件弹性阶段的刚度会产生一定程度的影响，但对 CFRP 筋材加固则不存在这样的问题，两种情况下弹性阶段的刚度基本相同。

参 考 文 献

[1] 王林安, 樊承谋, 潘景龙. 应县木塔横纹承压构件 GFRP 棒增强加固试验研究[J]. 中国文物科学研究, 2008, 3(1):34-37.

[2] de Lorenzis L, Scialpi V, Tegola A L. Analytical and experimental study on bonded-in CFRP bars in glulam timber[J]. Composites Part B: Engineering, 2005, 36(4): 279-289.

[3] Bechtel S C, Norris C B. Strength of wood beam and rectangular cross section as affected by span-depth ration[R]. USDA Forrest Service for Prod. Lab. Rep, Washington, 1952.

[4] 淳庆, 张洋, 潘建伍. 内嵌碳纤维筋加固木梁抗弯性能试验[J]. 解放军理工大学学报(自然科学版), 2013, 14(2):190-194.

[5] 淳庆, 张洋, 潘建伍. 内嵌碳纤维板加固木梁抗弯性能的试验研究[J]. 东南大学学报(自然科学版), 2012, 42(6):1146-1150.

[6] 龚永智, 张继文, 蒋丽忠, 等. CFRP 筋增强混凝土轴心受压柱的试验研究[J]. 工业建筑, 2010, 40(7):21-26.

[7] 张新越, 欧进萍. FRP 加筋混凝土短柱受压性能试验研究[J]. 西安建筑科技大学学报, 2006, 38(4):6-11.

[8] 龚永智. FRP 筋混凝土柱的研究进展[J]. 建筑技术, 2006, 37(11):13-18.

[9] 张继文, 龚永智. CFRP 筋增强混凝土柱受力性能的研究[J]. 建筑结构, 2009, 15(12):14-19.

[10] Choo C C, Harik I E, Gesund H. Strength of rectangular concrete columns reinfoced with fiber-reinforced polymer bars[J]. ACI Structural Journal, 2006, 5(12):30-39.

[11] 李永辉. CFRP 筋混凝土正截面承载力研究[D]. 西安:西安理工大学, 2010.

[12] Choo C C. Investigation of rectangular concrete columns reinforced or prestressed with fiber reinforced polymer(FRP) bars or tendons[D]. Lexington: University of Kentucky, 2005.

[13] Kobayashi K, Fujisaki T. Compressive behavior of FRP reinforcement in non-Prestressed concrete members[C]// Proceedings of the 2nd International RILEM Symposium. Ghent Belgium, 1995: 267-274.

[14] 淳庆, 张洋, 潘建伍. 内嵌 CFRP 筋加固圆木柱轴心抗压性能试验[J]. 建筑科学与工程学报, 2013, 30(3):20-24.

[15] 淳庆, 张洋, 潘建伍. 内嵌碳纤维板加固圆木柱轴心抗压性能试验研究[J]. 工业建筑, 2013, 43(7):91-95.

第5章 FRP 加固木结构的施工工艺

5.1 引 言

　　木材自身的材性缺陷和环境因素的影响，导致木结构建筑需要进行定期维护和修复。木结构构件由于年久失修、腐朽、老化、虫蛀、截面过小或荷载增大等原因，会出现挠曲变形过大、开裂、断裂等现象，此时常用的修复方法有化学灌浆法、加钉法、螺栓加固法、加铁箍法、托钢法、钢加固法、拉杆法、附加梁板法、附加断面法等。这些较一般的加固修复方法往往容易使木结构改变风貌，而且操作稍有不慎可能导致木结构构件发生新的破坏。近些年来，随着 FRP 技术的不断完善，FRP 越来越多地被应用在木结构的加固修缮工程上。FRP 可以用于木柱、木梁、木搁栅、木檩条等构件和梁柱节点的加固，从而提高木结构的承载力、刚度和整体受力性能。FRP 加固木结构的施工工艺不同于 FRP 加固混凝土结构和砌体结构的施工工艺，本章将对外贴 FRP 加固木结构的施工工艺和内嵌 FRP 加固木结构的施工工艺进行研究。

5.2 外贴 CFRP 加固木结构构件施工工艺研究

5.2.1 工艺特点

　　CFRP 由于具有高强、几何可塑性大、轻薄、易剪裁成型等优点，应用范围广，非常适合于混水油漆面的规则和非规则断面的传统木结构表面粘贴加固。CFRP 加固方法可以做到既保证结构安全又能保证"不改变风貌"的效果。

　　该工艺综合考虑我国传统木结构建筑的构造特点、木材及 CFRP 的材料特性，具有方法和流程设计科学、操作简便、综合费用低、工期短、符合文物保护准则、对建筑本体干预最小等优点。

5.2.2 适用范围

　　该工艺适用于 CFRP 加固传统木结构建筑的施工。CFRP 可以用于加固木柱、木梁、木搁栅、木檩条等构件的受弯性能和受剪性能，也可以加固木柱的受压性能，还可以增强梁柱、枋柱榫卯节点的连接性能，提高整体性。此外，CFRP 也可以用于梁、柱构件的墩接连接以及梁、柱构件裂缝的补强处理等。但 CFRP 不适用于已严重腐朽不适于继续承载的木结构构件。

5.2.3　工艺原理

我国传统木结构建筑根据结构体系可以分为抬梁构架(图 5.1)、穿斗构架(图 5.2)及井干构架(图 5.3)。传统木结构建筑使用至今,其材料性能均有不同程度的降低,一般均需要进行加固修缮。

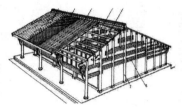

图 5.1　抬梁构架　　　　图 5.2　穿斗构架　　　　图 5.3　井干构架

受弯构件加固原理:CFRP 受弯和受剪加固主要应用于木檩条、木搁栅、木梁等受弯构件上,通过在梁底沿跨度方向通长粘贴 CFRP 布,让 CFRP 布与木梁共同工作,发挥 CFRP 的高强作用,可以提高其受弯承载力和刚度(图 5.4)。通过在梁剪跨区粘贴 U 形箍或封闭箍 CFRP 布,能有效约束受剪区木纤维的开裂,可以提高其剪承载力(图 5.5)。

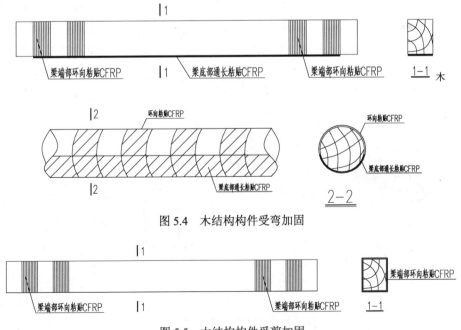

图 5.4　木结构构件受弯加固

图 5.5　木结构构件受剪加固

受压构件加固原理：CFRP 受压加固主要用于木柱等受压构架上，可以环向包裹 CFRP 布以提高其受压性能，也可以通过在木柱先纵向粘贴 CFRP 布，然后再环向包裹 CFRP 布，有效约束纵向木纤维开裂，能够更加提高其受压承载力（图 5.6）。

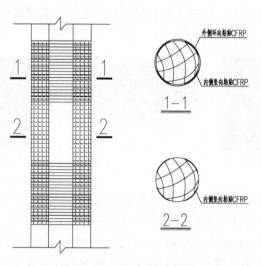

图 5.6　木结构构件加固

榫卯节点加固原理：我国传统木结构建筑均为榫卯连接，多数榫卯抗压不抗拉，也有一些榫头过短，长期使用容易出现不同程度的拔榫或脱榫现象，严重影响结构安全和整体性，通过 CFRP 加固榫卯节点，可以在不改变其受力特性的前提下提高榫卯连接的整体性，增强其抗拔性能和整体性能（图 5.7）。

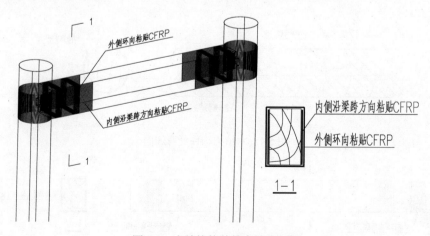

图 5.7　木结构构件榫卯节点加固

　　墩接连接加固原理：传统木结构建筑存留至今，均会出现不同程度的腐朽，尤其是木柱根部或靠墙处的木梁端部易出现腐朽。根据《古建筑木结构维护与加固技术规范》的要求一般需要对其进行墩接，传统的铁箍方式容易产生锈蚀或影响构件外观，因此可以在木柱或木梁墩接位置采用 CFRP 布进行连接（图 5.8），取代铁箍作用，这样不仅可以增强新老木结构构件的整体性，确保共同工作，而且由于 CFRP 布很薄（计算厚度 0.111mm 或 0.167mm），对原有构件断面的影响很小。

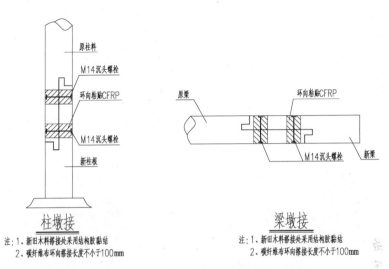

图 5.8　木结构构件墩接修缮

5.2.4　施工工艺流程及操作要点

　　1. 施工工艺流程

　　施工准备→卸载→构件表面处理→配制并涂刷底层树脂胶→粘贴面找平处理→CFRP 布剪裁→配制并涂刷浸渍树脂胶或粘贴树脂胶→粘贴 CFRP 布→养护→表面油漆处理。

　　2. 操作要点

　　1）施工准备

　　视施工现场和被加固构件木材的实际状况，拟定出施工方案和施工计划。对所使用 CFRP、配套树脂胶、机具等做好施工前的准备工作。

(1)材料检验和试验

材料的采购进场必须随货附带有产品出厂合格证和出厂检验报告,以初步判断该材料是否满足本加固工程的品质要求。材料进场后应立即见证抽样送检,待检验合格后方可投入使用。

(2)拟订施工方案,搭设施工平台

根据施工现场和被加固构件的实际情况,拟订施工方案和施工计划。可以根据施工现场地形情况,采用钢管脚手架搭设施工平台,需注意平台的稳固性和作业高度。

(3)测量放线

按设计图纸,在需粘贴 CFRP 布的木材表面放线标出粘贴 CFRP 布的位置。

(4)准备施工机具

对所使用的 CFRP 布(图 5.9)、配套树脂胶(图 5.10)、机具等做好施工前的准备工作。CFRP 布加固施工需要使用的机具主要有砂轮机、搅拌器、称量器、刮刀、滚筒、油刷等。

图 5.9　CFRP 布　　　　　　　　图 5.10　配套树脂胶

2)卸载

为了减轻 CFRP 布的应力和应变滞后现象,加固前应对构件进行适量卸载。卸载分直接卸载和间接卸载两种。直接卸载是全部或部分地直接搬走作用于原结构上的可卸荷载(图 5.11)。直接卸载直观、准确,但可卸荷载量有限,一般只限于部分活荷载。间接卸载是借助一定设备,加反向力于原结构,以抵消或降低原有作用效应(图 5.12)。间接卸载量值较大,甚至可使作用效应出现负值。间接卸载有楔升卸载和顶升卸载两种,前者以变形控制,误差较大;后者以力控制,较为准确。一般而言,对于承受均布荷载的构件,应采用多点均布顶升。

图 5.11　直接卸载(卸除屋面荷载)　　　　　图 5.12　间接卸载(千斤顶顶升)

3) 构件表面处理

为了保证 CFRP 布和木结构构件之间有可靠的黏结性能，需要对木结构构件和 CFRP 布的粘贴界面进行处理。

(1)按照《古建筑木结构维护与加固技术规范》的要求对木结构构件裂缝进行修复处理。

(2)修角加工。对于内凹角，CFRP 布在黏结时容易剥离或扯起，可采用修补胶或木屑胶泥修补成圆角，圆角半径 $R>20mm$；对于菱形柱或有尖锐凸角的结构，在尖角处的纤维有较大的应力集中，容易使纤维折断，可用研磨机将棱角修饰成半径 $R>20mm$ 的弧形。用修补胶或木屑胶泥做表面修饰，用弧形量具检测，保证修饰角半径 $R>20mm$。

(3)表面污垢处理。以盘式打磨机、钢丝刷等工具处理构件表面，保证构件表面平坦规整、无松动、无脆弱碎块及无污物，不可因研磨产生尖锐的端部及棱角。油渍类污物用中性洗涤剂脱脂，用高压气枪消除灰尘。黏结 CFRP 布前木结构构件表面必须充分干燥。

4) 配制并涂刷底层树脂胶

基底树脂胶的作用是提高表层木材的强度，底胶的涂刷对保证 CFRP 布加固木材的效果十分重要。

(1)应按产品生产厂提供的工艺规定配制底层树脂胶。按规定比例将主剂与固化剂先后置于容器中，用弹簧秤计量，电动搅拌器均匀搅拌。

(2)环境温度、湿度和木材表面的干燥程度影响底胶黏结性能，因此，施工环境温度不低于 5℃，湿度应不高于 85%，木材表面含水量应低于 15%。

(3)根据现场实际气温决定用胶量并严格控制使用时间。一次配胶量不宜过多，一般情况下 1h 内用完。胶的搅拌采用低速机械搅拌，搅拌时可能发热，搅拌时间不宜过长，以 3min 为宜。

(4)应采用滚筒刷将底层树脂胶均匀涂抹于木材表面。待胶固化后(固化时间视现场气温而定，以指触干燥为准)再进行下一工序施工。一般固化时间为 1～2d。

5)粘贴面找平处理

(1)应按产品生产厂提供的工艺规定配制找平材料。

(2)木材表面凹陷部位用找平材料填补平整，有段差或转角的部位，应抹成平滑曲面。尽量减小高度差，且不应有棱角。

(3)转角处应用找平材料修复为光滑的圆弧，半径不小于 20mm。

(4)用刀头宽度≥100mm 的刮刀对凹坑实施填塞修补、找平，找平程度以眼观目测无明显的刮板或刮刀痕迹且纹路平滑为准。

(5)粘贴面修补找平基底树脂胶干燥后，表面存在凹凸不平现象，为保证黏结质量，用细砂纸对其进行打磨，打磨效果要达到手感较为光滑的效果。然后尽快进行下一工序的施工。

6)CFRP 布的剪裁

(1)选择一块平整场地，并将其清扫干净，地面铺设防尘布，给 CFRP 布的裁剪提供一个洁净的环境。裁剪区域不得进行其他施工。

(2)按设计规定尺寸剪裁 CFRP 布，尽量避免搭接，除非特殊要求，CFRP 布的长度一般应在 3m 之内。裁剪时特别注意不能割断纵向纤维丝(经线)，必须满足设计尺寸，严禁斜切 CFRP 布，保证剪裁后的纤维加固方向与粘贴部位的方向一致，并防止出现拉丝现象。裁剪后的 CFRP 布的宽度不应小于 100mm。

(3)裁剪尺寸须包含纵横向重叠部分，剪裁下来的 CFRP 布不能折叠，对裁剪下来的 CFRP 布应卷成 20cm 的圆筒，并按型号标准竖向排放。粘贴前必须保持 CFRP 布表面洁净。

7)配制并涂刷浸渍树脂胶或粘贴树脂胶

(1)按使用说明书要求配置黏结剂。

(2)按粘贴面积确定每次用量，以防失效浪费。一般情况下每次拌制总重量不超过 2kg。

(3)严格按重量比计量使用配制。

(4)按厂家配合比和工艺要求进行配制，且应有专人负责。搅拌应顺时针一个方向搅拌，直至颜色均匀，无气泡产生，并应防止灰尘等杂质混入。

(5)调制好的黏结剂应及时使用。

8)粘贴 CFRP 布

(1)粘贴 CFRP 布前应对木结构构件表面采用丙酮进行再次擦拭,确保粘贴面无粉尘(以手抚无灰尘为宜)。

(2)木材表面涂刷结构胶时，刷涂用力适度，尽量不流不坠不掉，涂刷范围不超出控制线外 10mm，涂刷范围内胶的薄厚应一致。拐角部位适当多涂抹一些（75%的面胶涂抹在 CFRP 布的粘贴面，粘贴后，剩余的 25%面胶涂抹于 CFRP 布的外表面）。

(3)CFRP 布粘贴时，做到放卷用力适度，使 CFRP 布不皱、不折、展延平滑顺畅。保证在规定时间内，将已按设计尺寸裁剪好的 CFRP 布条迅速粘贴到位。粘贴时必须确定受力方向，CFRP 布粘贴方向与受力方向一致，不能弄错。

(4)滚压 CFRP 布必须用特制滚子并配合刮刀反复沿纤维方向从一端向另一端滚压，不宜在一个部位反复滚压揉搓，目的是为了挤出气泡，使 CFRP 布与木结构构件表面紧密黏合，同时保证树脂胶充分渗入纤维间的缝隙。滚压中让胶渗透 CFRP 布，做到浸润饱满。CFRP 布需要搭接时，必须满足搭接长度≥100mm。

(5)多层粘贴应重复上述步骤，逐层粘贴。待上一层 CFRP 布表面指触干燥方可进行下一层的粘贴，不得一次粘贴多层。如超过 40min，则应等 12h 后，再涂刷黏结剂粘贴下一层。

(6)在最后一层 CFRP 布条表面应均匀涂抹一层浸润树脂胶。

9)养护

(1)为保证施工质量，整个过程的操作宜在 10～30℃的室内环境温度下进行。施工时为避免雨水、灰尘附着在 CFRP 布上，须用塑料布养护，CFRP 布贴上后，用塑料布覆盖 24h 以上进行养护。平均温度 10℃以下，初期固化时间约两天；平均温度为 10～20℃，初期固化时间约一到两天；平均温度在 20℃以上；初期固化约一天。

(2)完全固化要求时间较长，一般固化 80%以上就可以受力，平均温度在 20℃以上时需固化七天，平均温度在 10℃时需固化两周才能受力使用。当需要做表面防护时，应按有关规范的规定处理，以保证防护材料与 CFRP 布之间黏结可靠。

(3)CFRP 布粘贴区域在胶体未固化前不得进行其他工序施工。

10)表面油漆处理

(1)在 CFRP 布加固后的木结构构件表面用生漆腻子找平，刮第一遍生漆腻子，待生漆腻子干后，用油灰刀将木结构构件表面多余的生漆腻子刮除，并用耐水砂纸打磨刮完生漆腻子后的木结构构件，打磨后除净粉尘。

(2)刮第二遍生漆腻子，待生漆腻子干后，用耐水砂纸打磨刮完生漆腻子后的木结构构件，打磨后除净粉尘。

(3)刮第三遍生漆腻子，待生漆腻子干后，用耐水砂纸打磨刮完生漆腻子后的木结构构件，打磨后除净粉尘。

(4)按传统做法上底漆，待底漆干后，用耐水砂纸细磨上完底漆后的木结构构件,打磨后除净粉尘。用长刷给木结构构件上传统油漆,将传统油漆刷匀。

3. 构造要求

(1)采用 CFRP 布加固木梁等构件受弯性能时,应对纵向 CFRP 布采用环向加箍等方式进行可靠锚固,可抑制纵向 CFRP 布发生端部剥离破坏,充分发挥纵向 CFRP 布的高抗拉强度,保证加固效果。且应避免将节疤、斜理纹等缺陷放置在木梁等构件的受拉边。

(2)采用 CFRP 布加固木梁等构件受剪性能时,避免将节疤、斜理纹等缺陷放置在木梁等构件的中性轴位置。

(3)环向粘贴 CFRP 布加固木柱等受压构件时,优先采用条带式,避免采用满裹式,包裹 CFRP 布的层数不宜少于两层,CFRP 布的搭接长度不小于 100mm。

(4)采用 CFRP 布加固梁柱或柱枋榫卯节点时,纵向 CFRP 布粘贴于梁或枋的每侧长度不小于 300mm,环向封闭 CFRP 箍不少于 2 道。

(5)采用 CFRP 布加固梁或柱墩接节点时,新旧木料之间应先采用结构胶进行黏结,环向粘贴 CFRP 布的搭接长度不小于 100mm。

5.2.5　材料与设备

1. 材料

主要材料有 CFRP 布、配套树脂胶、钢管、钢管扣件、手套、耐水砂纸和水等。其中 CFRP 的性能指标:抗拉强度标准值 $\geqslant$3000MPa;受拉弹性模量 $\geqslant$2.1×10^5MPa;伸长率 $\geqslant$1.5%;弯曲强度 $\geqslant$600MPa;层间剪切强度 $\geqslant$35MPa;单位面积质量 $\leqslant$300g/m^2。配套树脂胶的性能指标:抗拉强度 $\geqslant$40MPa;受拉弹性模量 $\geqslant$2.5×10^3MPa;伸长率 $\geqslant$1.5%;抗弯强度 $\geqslant$50MPa;抗压强度 $\geqslant$70MPa。

2. 设备

使用的主要设备有砂轮机、搅拌器、称量器、剪刀、刮刀、滚筒、油刷等。

5.2.6　质量控制

1. 遵守下列质量标准及其技术规范

外贴 CFRP 加固木结构的施工工艺应遵守《古建筑木结构维护与加固技术规范》《木结构设计规范》《古建筑修建工程施工验收规范》等相关技术规范。

2. 施工操作质量控制和验收一般规定

(1)施工前，技术负责人与作业班组长、作业班组长与操作人员要认真做好书面技术交底。

(2)施工过程中，施工员、质检员要坚守现场，监督管理。

(3)施工过程中，施工单位和业主、监理共同做好隐蔽工程验收记录。

3. 施工操作质量控制和验收内容

1)施工操作质量控制

(1)CFRP 布的表面应保证洁净。

(2)胶体的拌制应严格按照配比要求进行，对每次的拌制都要进行计量。

(3)胶体拌制应采用低速搅拌电钻进行搅拌，防止胶体搅拌过快使胶体内产生气泡。

(4)胶体在拌制过程中不得接触到水，防止胶体与水产生化学反应，影响施工质量。

(5)对粘贴木结构构件应保证表面干燥。

(6)木结构构件在粘贴前应擦洗干净，对木结构构件存在的裂纹等应先采用胶体或木屑胶泥进行修复，确保粘贴部位平滑。

(7)胶体涂刷应均匀且不得出现流缀现象。

(8)CFRP 布的施工中不得有褶皱现象。

(9)粘贴完 CFRP 布后，应采用刮板将 CFRP 布表面多余胶体刮掉，防止胶体流缀影响 CFRP 布粘贴质量。

(10)雨季尽量不进行 CFRP 布的粘贴施工，若进行则施工中应做必要的防护，避免使雨水、灰尘附着在 CFRP 布上。

2)检验和验收

(1)施工开始前，应确认 CFRP 布和配套树脂胶的产品合格证、质量检验报告，各项性能应满足该工艺第 5.2.5 条的要求。

(2)施工质量检验及验收标准见表 5.1。

(3)粘贴质量不符合要求需割除修补时，应沿空鼓边沿将空鼓部分的 CFRP 布割除，以每边向外缘扩展 100mm 长的同样 CFRP 布，采用同样配套树脂胶补贴在原位，其施工步骤和工艺应按该工艺的要求进行。

表 5.1　施工质量检验及验收标准

序号	检验项目	合格标准	检验方法	检验数量
1	CFRP 布粘贴位置	与设计要求位置相比，中心线偏差≤10mm	钢尺测量	全部
2	CFRP 布粘贴量	≥设计量	根据测量计算	全部
3	粘贴外观缺陷	不得有间隙、孔洞、气泡等外观缺陷	目测	全部
4	粘贴质量	(1)单个空鼓面积<10cm^{2}时充胶修复；>10cm^{2}时割除修补 (2)空鼓面积之和与总粘贴面积之比小于 5%	锤击法或其他有效方法	全部

5.3　外贴碳-芳 HFRP 布加固木结构构件施工工艺研究

5.3.1　设计建议

(1)木结构构件的各项参数尤其是材性参数对其极限承载力和破坏模式均有很大影响，因此，对木结构构件进行加固设计前，必须详细调研其各项参数。

(2)采用碳-芳 HFRP 布加固木梁，应对纵向纤维布采用环向加箍等方式进行可靠锚固，可抑制纵向纤维布发生端部剥离破坏，充分发挥纵向纤维布的高抗拉强度，保证加固效果。

(3)环向粘贴碳-芳 HFRP 布加固木柱，有条带式和全裹式两种方式，优先采用条带式，包裹纤维布的层数不宜少于两层，通过碳-芳 HFRP 布的有效约束，能够显著提高其受压承载力。

5.3.2　施工准备

认真阅读设计施工图，充分理解设计意图和要求。视施工现场和被加固构件木材的实际状况，拟定出施工方案和施工计划。对所使用的碳-芳 HFRP 布、配套树脂胶、机具等做好施工前的准备工作。

1)材料检验和试验

材料的采购进场必须随货附带有产品出厂合格证和出厂检验报告，以初步判断该材料是否满足本加固工程的品质要求。材料进场后应立即抽样送检，待检验合格后方可投入使用。

2)拟订施工方案，搭设施工平台

根据施工现场和被加固构件的实际情况，拟订施工方案和施工计划。可以根据施工现场地形情况，采用脚手架或其他方式搭设，需注意平台的稳固性和作业高度。

3）测量放线

按设计图纸，在需粘贴碳-芳 HFRP 布的木材表面放线标出粘贴碳-芳 HFRP 布的位置。

4）准备施工机具

对所使用的碳-芳 HFRP 布、配套树脂胶、机具等做好施工前的准备工作。碳-芳 HFRP 布加固施工需要使用的机具主要有砂轮机、搅拌器、称量器、刮刀、滚筒、油刷等。

5.3.3　卸载

加固前应对所加固的构件尽可能卸载。为了减轻碳-芳 HFRP 布的应力和应变滞后现象，粘贴碳-芳 HFRP 布前应对构件进行适量卸载。卸载分直接卸载和间接卸载两种。直接卸载是全部或部分地直接搬走作用于原结构上的可卸荷载。直接卸载直观、准确，但可卸荷载量有限，一般只限于部分活荷载。间接卸载是借助一定设备，加反向力施加于原结构，以抵消或降低原有作用效应。间接卸载量值较大，甚至可使作用效应出现负值。间接卸载有楔升卸载和顶升卸载两种，前者以变形控制，误差较大；后者以力控制，较为准确。一般而言，对于承受均布荷载的构件，应采用多点均布顶升。

5.3.4　表面处理

为了保证碳-芳 HFRP 布和木结构构件间有可靠的黏结性能，需要对木结构构件和碳-芳 HFRP 布的粘贴界面进行界面处理。

（1）按照《古建筑木结构维护与加固技术规范》的要求对木结构构件裂缝进行修复处理。

（2）修角加工。对于内凹角，碳-芳 HFRP 布在黏结时容易剥离或扯起，可采用修补胶修补成圆角，圆角半径 $R>20mm$；对于菱形柱或有尖锐凸角的结构，在尖角处的纤维有较大的应力集中，容易使纤维折断，可用研磨机将棱角修饰成半径 $R>20mm$ 的弧形。用修补胶做表面修饰，用弧形量具检测，保证修饰角半径 $R>20mm$。特种结构按相关规范要求。

（3）表面污垢处理。处理成平坦规整、无松动、无脆弱碎块及无污物的表面，以盘式打磨机、喷砂、高压水冲洗等方法，不可因研磨产生尖锐的端部及棱角，油渍类污物用中性洗涤剂脱脂，用高压气枪消除灰尘，黏结碳-芳 HFRP 布前表面必须充分干燥。

5.3.5　配制并涂刷底层树脂胶

基底树脂胶的作用是提高表层木材的强度，底胶的涂刷对保证碳-芳 HFRP 布加固木材的效果十分重要。

(1)应按产品生产厂提供的工艺规定配制底层树脂胶。按规定比例将主剂与固化剂先后置于容器中，用弹簧秤计量，电动搅拌器均匀搅拌。

(2)环境温度、湿度和木材表面的干燥程度影响底胶黏结性能，施工环境温度不低于 5℃，湿度应不高于 85%，木材表面含水量应在 10% 以下的干燥情况。

(3)根据现场实际气温决定用量并严格控制使用时间。一次配胶量不宜过多，一般情况下 1h 内用完。胶的搅拌采用低速机械搅拌，搅拌时可能发热，搅拌时间不宜过长，以 3min 为宜。

(4)应采用滚筒刷将底层树脂胶均匀涂抹于木材表面。待胶固化后(固化时间视现场气温而定，以指触干燥为准)再进行下一工序施工。一般固化时间为 2～3d。

5.3.6　粘贴面找平处理

(1)应按产品生产厂提供的工艺规定配制找平材料。

(2)木材表面凹陷部位用找平材料填补平整，有段差或转角部位，应抹成平滑曲面。尽量减小高度差。且不应有棱角。

(3)转角处应用找平材料修复为光滑的圆弧，半径不小于 20mm。

(4)用刀头宽度≥100mm 的刮刀对凹坑实施填塞修补、找平，找平程度按眼观目测无明显的刮板或刮刀痕迹，纹路平滑为准。

(5)粘贴面修补找平基底树脂胶干燥后，表面存在凹凸不平现象，为保证黏结质量，用细砂纸对其进行打磨，打磨效果要达到手感较为光滑。然后尽快进行下一工序的施工。

5.3.7　碳-芳 HFRP 布剪裁

(1)按设计规定尺寸剪裁纤维布，除非特殊要求，纤维布长度一般应在 3m 之内。裁减时特别注意不能割断纵向纤维丝，切记必须满足设计尺寸，严禁斜切纤维布，保证剪裁后的纤维加固方向与粘贴部位的方向一致。并防止出现拉丝现象。

(2)裁剪尺寸须包含纵横向重叠部分，剪裁下来的纤维布不能折叠，粘贴前必须注意保护洁净。

5.3.8　配制并涂刷浸渍树脂胶或粘贴树脂胶

(1)配制黏结剂前应仔细阅读其使用说明书。

(2) 按粘贴面积确定每次用量，以防失效浪费。

(3) 严格按重量比计量使用配制。

(4) 按厂家配合比和工艺要求进行配制，且应有专人负责。搅拌应顺时针一个方向搅拌，直至颜色均匀，无气泡产生，并应防止灰尘等杂质混入。

(5) 调制好的黏结剂抓紧使用。

5.3.9　粘贴碳-芳 HFRP 布

(1) 粘贴纤维前应对木结构构件表面再次擦拭，确保粘贴面无粉尘。

(2) 木材表面涂刷结构胶，必须做到涂刷稳、准、匀的要求；稳，刷涂用力适度，尽量不流不坠不掉；准，涂刷不出控制线；匀，涂刷范围内薄厚较一致。拐角部位适当多涂抹一些(75%的面胶涂抹在纤维布的粘贴面，当粘贴后，剩余的25%面胶涂抹于纤维布外表面)。

(3) 碳-芳 HFRP 布粘贴时，同样要稳、准、匀，核心要求做到放卷用力适度，使碳-芳 HFRP 布不皱、不折、展延平滑顺畅。保证在规定时间内，将已按设计尺寸剪裁好的碳-芳 HFRP 布迅速粘贴到位。

(4) 滚压碳-芳 HFRP 布必须用特制滚子反复沿纤维方向从一端向另一端滚压，不宜在一个部位反复滚压揉搓，目的是为了挤出气泡，使碳-芳 HFRP 布与木结构构件表面紧密黏合，同时保证树脂胶充分渗入纤维间的缝隙。滚压中让胶渗透碳-芳 HFRP 布，做到浸润饱满。碳-芳 HFRP 布需要搭接时，必须满足搭接长度≥100mm。

(5) 多层粘贴应重复上述步骤，待碳-芳 HFRP 布表面指触干燥方可进行下一层的粘贴。如超过 40min，则应等 12h 后，再涂刷黏结剂粘贴下一层。

(6) 在最后一层碳-芳 HFRP 布条表面还要再均匀涂抹一层浸润树脂胶。

5.3.10　养护

为保证施工质量，整个过程的操作最好是在 10～30℃的室内环境温度下进行。施工时为不使雨水、灰尘附着在纤维布上，须用塑料布养护，纤维布贴上后，用塑料布覆盖 24h 以上进行养护。平均温度 10℃以下，初期固化时间约两天；平均温度 10～20℃，初期固化时间约一到两天；平均温度在 20℃以上，初期固化约一天。

完全固化要求时间较长，一般固化 80%以上就可以受力，平均温度在 20℃以上时需固化七天，平均温度在 10℃时需固化两周才能受力使用。当需要做表面防护时，应按有关规范的规定处理，以保证防护材料与纤维之间黏结可靠。

5.3.11 检验和验收

（1）目测检验：仔细观测补强区域外观上的缺陷，包括是否有间隙、孔洞、气泡等，如若发现则必须补好。

（2）检验时可用小锤轻击或手压粘贴面判断粘贴效果，总有效黏结面积不应小于 95%，如出现轻微空鼓（面积小于 100cm^2）可采取针管注胶的方法进行补救。若空鼓面积大于 100cm^2，宜将空鼓处的纤维布切除，补黏四周搭接长度大于 0.2m 的纤维布块。

5.4 内嵌 FRP 板（筋）材加固木结构构件施工工艺研究

5.4.1 工艺特点

外贴 FRP 加固法只适用于混水油漆面的木结构构件加固，不适用于清水面的木结构构件加固，且由于 FRP 材料裸露在构件表面，易受外力作用从而对 FRP 和黏结剂造成破坏，使加固质量受到影响。而内嵌 FRP 加固的方法有效地弥补了外贴 FRP 加固法的不足，内嵌 FRP 板（筋）材加固木结构技术非常适合于清水面的木结构构件加固，具有明显的优势。

该工艺综合考虑我国传统木结构建筑的构造特点、木材及 FRP 的材料特性，具有方法和流程设计科学、操作简便、综合费用低、工期短、不改变历史建筑风貌等优点。

5.4.2 适用范围

该工艺适用于内嵌 FRP 板（筋）材加固木结构建筑的施工，内嵌 FRP 板（筋）材可以用于加固木梁、木搁栅、木檩条等受弯构件的受弯性能，也可以加固木柱等受压构件的受压性能，但内嵌 FRP 板（筋）材加固不适用于已严重腐朽且不适于继续承载的木结构构件。

5.4.3 工艺原理

受弯构件加固原理：内嵌 FRP 板（筋）材的受弯加固主要应用于木檩条、屋面梁架、木搁栅、楼面梁等受弯构件上，嵌入的 FRP 板（筋）材就像混凝土梁中的钢筋一样，能够与木纤维共同工作，发挥其高强的作用，可以提高其受弯承载力和刚度（图 5.13）。

图 5.13　木梁试件底面和截面

受压构件加固原理：内嵌 FRP 板(筋)材的抗压加固主要用于木柱、木屋架的弦杆等受压构架上，通过在木柱两侧或四周对称嵌入 FRP 板(筋)材，以提高其受压承载力(图 5.14)。

图 5.14　木柱试件截面和立面

5.4.4　施工工艺流程及注意事项

1. 施工工艺流程

内嵌 FRP 板(筋)材加固法的施工比较简洁，并且不用大型机械、大量劳动力及较大空间，甚至可以在不影响正常使用的情况下进行施工。内嵌 FRP 板(筋)材加固技术是按设计要求的尺寸在构件表面进行开槽，清理槽中的木屑，在槽内先灌入约一半的结构胶，将 FRP 材料放入槽中并轻压，使 FRP 板条与结构胶相互黏结，然后在槽内继续灌结构胶至距离表面 5mm，最后待结构胶固化后，在凹槽中采用木屑胶泥抹平。

(1)按要求尺寸进行开槽。在工程中进行开槽时，尽可能减少对原结构的损害，并在合适的位置按设计规范进行开槽。开槽深度一般根据材料尺寸决定，通常要求稍大于加固材料尺寸。

(2)清除槽中的木屑。如不仔细清理开槽后留下的木屑及浮尘，则会影响 FRP 板(筋)材与原结构的黏结效果，因此应用空压机或其他除尘设备仔细清理。

(3)选择结构胶。通常选用利于施工且具有高触变性的环氧树脂作为黏结材料。因为在实际工程中，会遇到仰视的工作情况，若碰到流动性较强的环氧树脂，一是不易灌入槽中，二是环氧树脂易滴落，这易对施工工人造成伤害。且构件表面必须干燥，否则其黏结性能容易受到水分影响。

(4)防止气泡。在将 FRP 板(筋)材置入槽中时，应进行挤压，使其与结构胶进行充分接触，有利于提高加固的黏结性能。并且灌入槽中的结构胶不宜过多，以 1/2 的槽深为宜。

(5)表面处理。若当 FRP 材料嵌入后，结构胶溢出槽外，应用刮刀等工具将溢出的树脂胶抹去，同时在开槽处表面采用木屑胶泥进行涂抹，尽可能使加固木结构构件表面的风貌整体一致。

2. 注意事项

(1)如果木材表层存在小范围和少量的腐蚀及虫蛀，应该先除去已腐蚀的表层，然后用钢丝刷、压缩空气将裂缝内的碎渣、蛀虫等清除干净；

(2)当木材表层存在细小的裂缝时，应该采用结构胶进行修补，在修补裂缝时应将裂缝处的结构胶填充实，必要时候采用压力注胶；

(3)将构件表面凸出部分打磨平整，表面的不平整将会对加固效果产生不利的影响；

(4)木槽内部在开槽后会存在大量的木屑和杂质，应及时地清理，并用小钢丝刷对木槽内部进行清理，使结构胶能够与木材很好地接触。

5.4.5　质量控制

1. 遵守下列质量标准及其技术规范

内嵌 FRP 板(筋)材加固木结构的施工工艺应遵守《古建筑木结构维护与加固技术规范》《木结构设计规范》《古建筑修建工程施工验收规范》等相关规范规程。

2. 施工操作质量控制和验收一般规定

(1)施工前，技术负责人与作业班组长、作业班组长与操作人员要认真做好书面技术交底。

(2)施工过程中，施工员、质检员要坚守现场，监督管理。

(3)施工过程中，施工单位和业主、监理共同做好隐蔽工程验收记录。

3. 施工操作质量控制和验收内容

1)施工操作质量控制

(1)FRP 板(筋)材表面应保证洁净。

(2)胶体的拌制应严格按照配比要求进行，对每次的拌制都要进行计量。

(3)胶体拌制应采用低速搅拌电钻进行搅拌，防止胶体搅拌过快使胶体内产生气泡。

(4)胶体在拌制过程中不得接触到水，防止胶体与水产生化学反应，影响施工质量。

(5)对粘贴木结构构件应保证表面干燥。

(6)木槽内部在粘贴前应清理打磨，对木结构构件存在的裂纹或孔洞等应先采用胶体进行修复，确保粘贴部位平整。

(7)胶体涂刷应均匀且不得出现流缀现象。

(8)FRP 板(筋)材在施工中不得有凸出现象。

(9)粘贴完 FRP 板(筋)材后，应采用刮板将 FRP 表面多余胶体刮掉，防止胶体流缀影响 FRP 粘贴质量，涂抹在槽口表面的木屑胶泥应尽可能与加固木结构构件表面的风貌整体一致。

(10)雨季尽量不进行 FRP 的粘贴施工，若进行则应在施工中做必要的防护，避免使雨水、灰尘附着在 FRP 板(筋)材上。

2)检验和验收

(1)施工开始前，应确认 FRP 板(筋)材和配套树脂胶的产品合格证、质量检验报告，各项性能满足该工艺的要求。

(2)内嵌 FRP 板(筋)材加固木结构构件施工后，应检验其木结构构件开槽尺寸、木结构构件表面平整度、木结构构件与结构胶的黏合度、结构胶的流缀度及加固后风貌的一致性，确保这些项目均满足要求。

5.5　本章小结

在木结构建筑加固和修缮方面，FRP 材料较传统加固材料有着无可比拟的优越性，FRP 材料具有轻质、高强、耐腐蚀、易裁剪、施工性好、节省人工等优点。FRP 可以用于木柱、木梁、木搁栅、木檩条等构件和梁柱节点的加固，从而提高木结构的承载力、刚度和整体受力性能。外贴 FRP 加固木结构技术适用于混水油漆面的木结构构件加固，FRP 加固后经油漆涂刷不会影响外观，也几乎没有增加重量；而内嵌 FRP 加固木结构技术适用于清水面的木结构构件加固，内嵌 FRP 加固后槽口表面用木屑胶泥涂抹同样不会影响外观，也几乎没有增加重量，这两种 FRP 加固技术都是木结构加固修缮的优选方法。

目前，FRP 加固木结构的技术已成功应用于数十项传统木结构建筑的保护工程，其中包括全国重点文物保护单位北京故宫、天安门、恭王府、苏州留园曲溪楼、南京甘熙故居、无锡梅园诵幽堂、浙江长兴城山教寺等，以及省级重点文物保护单位南京净觉寺、无锡中国丝绸博物馆等项目，取得了很好的社会效益、环境效益和经济效益。

第6章　FRP加固木结构的工程案例研究

6.1 引　言

FRP材料具有轻质、高强、耐腐蚀、易裁剪、施工性好、节省人工等优点。用FRP材料加固修复木结构不仅可以提高承载力、刚度和延性，同时对木结构建筑的外观影响较小。外贴FRP加固木结构构件适用于混水油漆面的木结构构件加固，这种方法可以提高受弯构件的受弯承载力、受剪承载力和刚度，也可以提高受压构件的轴心受压承载力，还可以增强榫卯节点的黏结性能和构架的整体性能，外贴FRP加固木结构技术可以采用外贴CFRP加固木结构，也可以采用外贴碳-芳HFRP加固木结构。为解决清水面木结构构件的加固问题，内嵌CFRP板或内嵌CFRP筋加固木结构技术是优选方法，由于该加固方法是通过在木结构构件表面剔槽（木材较混凝土等材料更易于开槽），同时可剔除部分原有的腐朽部位，然后用结构胶将CFRP板或CFRP筋嵌入槽中，使木结构构件和高强纤维材料共同工作，从而起到加固效果。这种方法可以提高受弯构件的受弯承载力和刚度，也可以提高受压构件的轴心受压承载力。

国际上，首例采用CFRP加固的木结构为瑞士Sins木桥（1992年），该桥建于1807年，双跨拱桥2m×31m，CFRP主要用于桥面板的加固。国内曾对天安门城楼的木柱采用CFRP布进行加固。我们在世界文化遗产-苏州留园曲溪楼的修缮中采用了CFRP对木檩条、木梁、木搁栅等进行了承载力的加固，在全国重点文物保护单位——南京甘熙故居的木结构加固修缮中采用了CFRP对木柱墩接部位进行了整体性的加固，在全国重点文物保护单位——马鞍山采石矶太白楼的加固修缮中采用CFRP对木梁的受弯承载力及受剪承载力进行了加固，在全国重点文物保护单位——汇文书院钟楼加固修缮中采用CFRP对木搁栅和木屋架进行了承载力加固。

6.2 案例1：世界文化遗产——苏州留园曲溪楼加固修缮

6.2.1 概况

留园始建于明万历二十一年(1593年)，坐落于苏州古城区西阊门外留园路338号，现有面积约2.3hm²，园林建筑以清代风格为主，是一座集住宅、祠堂、家庵、庭院于一体的大型私家园林。曲溪楼始建于嘉庆初年，楼南北走向，高二层，单坡歇山顶。曲溪楼结构为典型的苏州地区厅堂升楼做法，营造工艺精良。建筑外观以白墙、短窗和花窗等为基本组合元素，造型古朴典雅。1961 年，留园被列为第一批全国文物保护单位。1997 年，留园和其他几座苏州园林一同被列入世界文化遗产名录。

曲溪楼曾经多次修缮，1953 年整修留园时对曲溪楼进行落架大修，后一直维持至今未做更改。直至目前，曲溪楼构架保存尚完整，但出现了柱、梁、枋等诸多构件潮湿腐烂，地基不均匀沉降，墙体倾斜等结构问题，以及木楼板虫蛀破损，油漆和粉刷剥落等构造问题，迫待修缮。图 6.1 为曲溪楼现状外貌，图 6.2 为曲溪楼一层平面图。

图 6.1　曲溪楼现状外貌

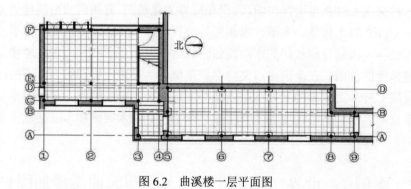

图 6.2　曲溪楼一层平面图

6.2.2　主要的残损状况及原因分析

曲溪楼自 1953 年大修至今，结构和构造上又出现了诸多问题，不仅存在安全隐患，也不能满足游客游览需求。对其进行仔细勘查后发现，残损状况主要有以下几点。

(1) 曲溪楼整体向西侧倾斜。究其原因，一方面曲溪楼下部地基土层分布厚薄不均，西侧软土较厚，东侧软土较薄，因此西侧沉降变形较大；另一方面曲溪楼西侧的池塘水位随着季节不同发生变化，而池塘驳岸为乱石堆砌而成，很容易造成曲溪楼基础下部水土流失。两方面原因共同造成曲溪楼西侧沉降较大，从而使承重木结构发生倾斜。图 6.3、图 6.4 为曲溪楼倾斜状况。

图 6.3　柱向西侧倾斜　　　　图 6.4　木构架由于不均匀沉降采用剪刀撑支撑

(2) 墙壁潮湿，与墙体接触的木柱、木梁、砖细或粉刷受潮、生霉或腐烂。主要是由于曲溪楼紧临水池，水池周围地下水位较高，加之传统砌造方法中墙体未做防水处理。图 6.5 为与墙体接触的木构件腐朽状况。

图 6.5　与墙体接触的木构件腐朽状况

　　(3)屋面檩条、椽子、望板、角梁等部分构件有不同程度腐朽。主要是构件承载力不足和材料性能退化导致屋面变形损坏、屋面排水系统老化引起局部雨水渗漏，使屋面构件潮湿腐朽。

　　(4)木构件油漆和墙面粉刷损坏严重，地板油漆完全磨损，木柱和梁架表面油漆剥落、开裂，墙面粉刷受潮、空鼓、大面积脱落。

　　(5)部分木构件由于材料性能退化和承载力不足而导致开裂变形，如图 6.6 所示。

图 6.6　木柱和木梁开裂

6.2.3　加固修缮设计的原则

　　传统木结构建筑的加固修缮设计有别于现代木结构和钢筋混凝土结构的加固修缮设计，它必须遵守以下四点原则。

　　1)依法保护的原则

　　根据《中华人民共和国文物保护法》第二章第二十一条规定："对不可移动文物进行修缮、保养、迁移，必须遵守不改变文物原状的原则。" 依法保护、未雨绸缪是保护工作的基本要求，也是本修缮设计的基本遵循原则。

　　2)真实性的原则

　　坚持原材料、原尺寸、原工艺原则，保护文物建筑的建筑风格和特点，除设计中为了更好地保护文物建筑的安全而采用的加固材料外，其他所有维修更换的材料均应坚持使用原材料、原工艺、原型制。

　　3)完整性的原则

　　此次加固修缮不对文物本体的组成部分做任何的增减，确保文物的完整性。

4)安全与有效的原则

留园作为对外开放的公共园林，曲溪楼作为留园游览路线中的一个重要建筑，承担了日常大量的人流穿行，因此必须考虑游人的安全，保证该建筑后续使用的安全也是本次加固修缮的基本目标。

6.2.4 加固修缮设计

(1)本次加固修缮为揭顶不落架的大修。对发生不均匀沉降的基础采取往基础土层里打石钉的传统方法进行加固，对沉降的木柱采用神仙葫芦进行提升，提升高度根据检测确定，现场采用经纬仪校核。木构架进行打牮拨正，局部柱、梁更换或墩接。为解决曲溪楼墙体受潮问题，在围护墙室内地面下-0.06m 处设一道防水层，采用 20mm 厚 1：2 水泥砂浆掺 5%防水剂。与墙体和地面接触的木构件做防潮处理。在脚手架搭好之后，对建筑进行全面的检测，进一步勘查建筑破损情况，根据破损情况参照《古建筑木结构维护与加固技术规范》要求进行修缮。

(2)基础加固。曲溪楼西侧临近水池，基础下部土体流失和地基软土层厚薄不均，导致曲溪楼整体向西倾斜，原先采用压密注浆方法对曲溪楼西侧地基进行加固，固化西侧土体，但考虑到压密注浆可能会对旁边古树名木产生影响，因此采用在曲溪楼西侧墙体两侧增设石桩，以挤压土体增加土体的密实度，同时阻止土体的流动。为确保结构安全，压桩过程采取跳打的方式。图 6.7 为基础加固示意图，图 6.8 为现场施工场景。

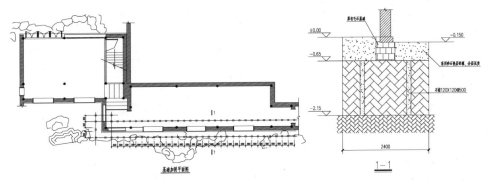

图 6.7 基础加固示意图

图中除标高单位为 m 外，其余尺寸单位均为 mm

(3)木构件加固。尽量保留原构件，视木构件糟朽及开裂程度，根据《古建筑木结构维护与加固技术规范》要求进行墩接、灌注、拼邦或更换。梁枋等构件损坏程度较轻者填充不饱和聚酯树脂或粘贴 CFRP 布进行加固。屋面檩条根据现状及计算结果，采取中间夹钢板、周围包裹 CFRP 布进行加固。屋面椽子受潮腐

烂者需更换。图 6.9 为木柱、木梁墩接做法，图 6.10 为楼面搁栅加固方法，图 6.11
为大梁加固方法，图 6.12 为檩条加固方法。

图 6.8　现场施工场景

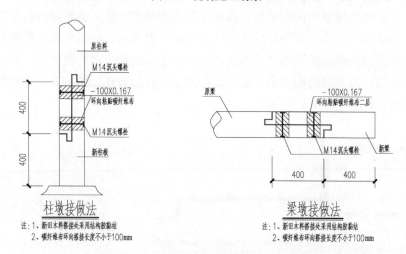

柱墩接做法

注：1、新旧木料搭接处采用结构胶黏结
　　2、碳纤维布环向搭接长度不小于100mm

梁墩接做法

注：1、新旧木料搭接处采用结构胶黏结
　　2、碳纤维布环向搭接长度不小于100mm

图 6.9　木柱、木梁墩接做法（单位：mm）

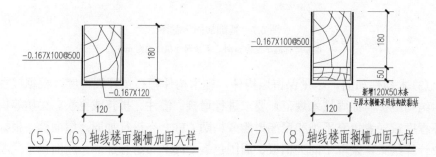

(5)-(6)轴线楼面搁栅加固大样

(7)-(8)轴线楼面搁栅加固大样

图 6.10　楼面搁栅加固方法（单位：mm）

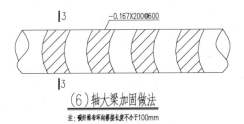

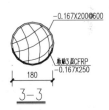

（6）轴大梁加固做法

注：碳纤维布环向搭接长度不小于100mm

图 6.11　大梁加固方法（单位：mm）

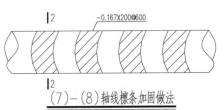

（7）-（8）轴线檩条加固做法

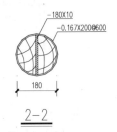

注：1、中间夹钢板型号为Q345B
　　2、钢板表面打毛
　　3、钢板与木檩条之间采用结构胶黏结
　　4、碳纤维布环向搭接长度不小于100mm

图 6.12　檩条加固方法(单位：mm)

　　(4)木构架整体加固。曲溪楼为我国传统木结构建筑，梁柱均为榫卯连接，为提高曲溪楼的整体稳定性，在梁柱节点处增设镀锌扁铁加不锈钢螺丝的方法进行整体性加固，如图 6.13 所示。

　　(5)更换构件选用优质杉木，地板依原件采用优质洋松。木材进场前做好干燥处理，柱、梁、枋含水率不超过 25%，檩条含水率不超过 20%，椽、板类构件含水率不超过 18%。

　　(6)拆除屋顶时详细记录屋面构件尺寸、样式，按原尺寸、原样式重新烧制屋面瓦，要求使用密实度高、质量好的小青瓦。修缮后的屋面应整洁平整，瓦当均匀，排水通畅。

　　(7)对门窗、砖细、石作构件中受损者依原样原工艺进行修补。

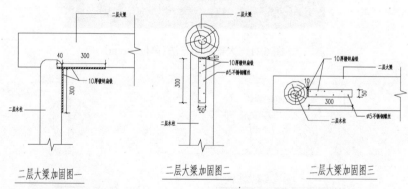

注：1、大梁、木柱与镀锌扁铁之间用不锈钢螺丝固定
　　2、镀锌扁铁之间采用双面角焊缝连接，焊缝高度6mm

图 6.13　木构架整体性加固(单位：mm)

(8)按照建筑原做法重做墙体粉刷和木构件油漆。采用传统黏结材料及粉刷材料，新材料新工艺使用时必须充分论证其可靠性。保留的大、小木构件重做油漆，不得使用调和漆，应使用传统工艺调制广漆，选用稳定的无机颜料，做漆前需做样板，颜色与现状一致。

6.2.5　FRP 加固修复木结构施工

1)对于屋面⑦—⑧轴脊檩

维修前：由于屋面⑦—⑧轴开间的距离较大，而此开间的脊檩断面尺寸较小，脊檩跨度为 4.575m，而断面直径为 14.5cm，根据计算结果，其受弯承载力均不满足要求，因此对该脊檩采用中间夹钢板、周围包裹 CFRP 布的方法进行加固。该脊檩维修前的状态如图 6.14～图 6.16 所示。

图 6.14　原⑦—⑧轴脊檩　　图 6.15　该脊檩北端　　　图 6.16　该脊檩南端

维修中：用墨线在⑦—⑧轴脊檩表面弹出标记，沿着标记把脊檩一锯为二，再将钢板（其型号为 Q345B）表面打毛，将涂刷好结构胶的钢板放入脊檩中，并用铁钉把脊檩和钢板固定住，等结构胶风干后把铁钉拔去，在脊檩周围包裹 CFRP 布（其环向搭接长度不小于100mm，间距为 600mm）（图 6.17～图 6.19）。

图 6.17　加固后的　　　　　图 6.18　加固后脊檩北端　　　　图 6.19　加固后脊檩南端
　　　⑦—⑧轴脊檩

维修后：⑦—⑧轴脊檩加固后如图 6.20 所示。

图 6.20　加固后的⑦—⑧轴脊檩

2）对于楼面⑤—⑥轴、⑥—⑦轴、⑦—⑧轴西起第二根、第三根、第四根搁栅与⑥轴、⑦轴大梁

维修前：原⑤—⑥轴、⑥—⑦轴、⑦—⑧轴西起第二根、第三根、第四根搁栅（其断面尺寸均为 120mm×180mm）与⑥轴、⑦轴大梁（其断面尺寸均为 160mm×360mm）的抗弯强度和跨中最大挠度均不满足要求，因此对其采用粘贴 CFRP 布的方式进行加固（⑦—⑧轴的开间长度较大，因此给⑦—⑧轴西起第二根、第三根、第四根搁栅底部粘贴三层 CFRP 布，其余搁栅与大梁底部均粘贴一层 CFRP 布）。未加固前的楼面搁栅与大梁如图 6.21 所示。

图 6.21　未加固前的楼面搁栅与大梁

维修中：具体操作如下。

(1)将环氧树脂和固化剂进行搅拌以形成结构胶，如图 6.22～图 6.24 所示。

图 6.22　固化剂

图 6.23　环氧树脂

图 6.24　结构胶

(2)将大梁及搁栅上的尘土清扫干净，用刷子在大梁及搁栅的底面涂上结构胶。将一定尺寸的 CFRP 布粘贴在大梁及搁栅的底面(大梁底面粘贴的 CFRP 布尺寸为 330cm×10cm，⑤—⑥轴、⑥—⑦轴西起第二根、第三根、第四根搁栅底面粘贴的 CFRP 布尺寸为 362cm×10cm，⑦—⑧轴西起第二根、第三根、第四根搁栅底面粘贴的 CFRP 布尺寸为 430cm×10cm)。用滚筒将 CFRP 布与大梁及搁栅的底面黏紧，并将 CFRP 布边缘的毛须剔除，如图 6.25～图 6.27 所示。

图 6.25　CFRP 布　　　　图 6.26　底部粘贴 CFRP 布　　　　图 6.27　滚筒压紧

（3）分别给大梁及搁栅的两端涂上结构胶，将 CFRP 布分别包裹在大梁及搁栅的两端（大梁两端包裹的 CFRP 布尺寸为 120cm×20cm，搁栅两端包裹的 CFRP 布尺寸为 70cm×20cm。⑤—⑥轴西起第二根、第三根、第四根搁栅北端未包裹 CFRP 布）。用滚筒将大梁及搁栅两端包裹的 CFRP 布与之黏紧。用小木棒在大梁及搁栅的木角线处按压 CFRP 布，将小木棍钉在木角线处的 CFRP 布上以便把被 CFRP 布包裹的木角线轮廓显现出来，并将 CFRP 布边缘的毛须剔除，如图 6.28～图 6.30 所示。

图 6.28　大梁端部涂胶　　　图 6.29　搁栅端部涂胶　　　图 6.30　大梁端部粘贴
　　　　　　　　　　　　　　　　　　　　　　　　　　　　　　CFRP 布

（4）给⑦—⑧轴西起第二根、第三根、第四根搁栅底部分别粘贴第二层和第三层 CFRP 布（其尺寸规格均为 430cm×10cm），并将 CFRP 布边缘的毛须剔除，如图 6.31 所示。

（5）用刷子或者滚筒在所有粘贴好的 CFRP 布表面涂上结构胶以增强其整体牢固性，如图 6.32 所示。

维修后：⑤—⑥轴西起第二根、第三根、第四根搁栅底部均粘贴一层 CFRP 布，南端均包裹一层 CFRP 布，北端均未包裹 CFRP 布；⑥—⑦轴西起第二根、第三根、第四根搁栅底部和两端各粘贴一层 CFRP 布；⑦—⑧轴西起第二根、第三根、第四根搁栅底部均粘贴三层 CFRP 布，两端各包裹一层 CFRP 布；⑥轴、⑦轴大梁底部和两端各粘贴一层 CFRP 布，加固后的搁栅与大梁如图 6.33 所示。

图 6.31　⑦—⑧轴搁栅底面粘贴第二层与第三层 CFRP 布

图 6.32　在 CFRP 布表面涂上结构胶

图 6.33　加固后的搁栅与大梁

3) 对于屋面⑤—⑥轴、⑥—⑦轴、⑦—⑧轴的脊檩、金檩与⑥轴、⑦轴的三架梁、五架梁

维修前：原⑤—⑥轴、⑥—⑦轴、⑦—⑧轴的脊檩、金檩与⑥轴、⑦轴的三架梁、五架梁的抗弯强度均不满足要求，因此对其用 CFRP 布进行加固；⑦—⑧轴开间长度较大，此开间的脊檩、东西侧金檩承载相对较大，因此对脊檩中间夹钢板进行加固，用 CFRP 布环向包裹该脊檩，并在其底部粘贴一层 CFRP 布；东

侧金檩由于上部有草架，承重相对小于西侧金檩，西侧金檩由于与翼角连接，无法在该檩中间夹钢板，因此给此开间的东侧金檩底部粘贴一层 CFRP 布，给此开间的西侧金檩底部粘贴三层 CFRP 布。

维修中：具体操作如下。

(1)在木构架两端做好标记，以确定要粘贴 CFRP 布的木构架的下半表面位置，在做好的两端标记间弹出墨线。

(2)沿着墨线标记给木构架的下半表面涂上结构胶，并在其下半表面粘贴一定尺寸的 CFRP 布(⑦—⑧轴檩条底部粘贴的 CFRP 布尺寸规格为 430cm×20cm；⑤—⑥轴、⑥—⑦轴檩条及⑦轴五架梁底部粘贴的 CFRP 布尺寸规格为 330cm×20cm；⑥轴五架梁底部粘贴的 CFRP 布尺寸规格为 330cm×25cm；⑥轴、⑦轴三架梁底部粘贴的 CFRP 布尺寸规格为 160cm×25cm)，并用滚筒将 CFRP 布与木构架的下半表面黏紧，如图 6.34～图 6.36 所示。

图 6.34　脊檩粘贴 CFRP 布　　图 6.35　五架梁粘贴 CFRP 布　　图 6.36　三架梁粘贴
　　　　　　　　　　　　　　　　　　　　　　　　　　　　　　　CFRP 布

(3)在木构架的两端分别涂上结构胶，用一定尺寸的 CFRP 布(其尺寸规格均为 80cm×20cm)将涂上结构胶的木构架两端包裹起来(⑥轴、⑦轴三架梁两端未包裹 CFRP 布，⑦—⑧轴脊檩两端未包裹 CFRP 布)，如图 6.37 所示。

图 6.37　金檩端部包裹 CFRP 布

（4）在粘贴好的 CFRP 布表面涂上结构胶，以增强整体稳固性，并用美工刀剔除 CFRP 布边缘的毛须，如图 6.38 所示。

图 6.38　CFRP 布表面涂结构胶

（5）将小木条钉在包裹⑦轴五架梁底部和两端的 CFRP 布的交接处，以使该交接处的 CFRP 布粘贴得更紧。

（6）给⑦—⑧轴的西侧金檩底部分别粘贴第二层和第三层 CFRP 布（其尺寸规格均为 430cm×20cm），待金檩底部的第三层 CFRP 布粘贴好后，用尺寸为 80cm×20cm 的 CFRP 布包裹在金檩的两端。用美工刀将 CFRP 布边缘的毛须剔除，并用油灰刀将 CFRP 布表面的凹凸处铲平，如图 6.39～图 6.41 所示。

图 6.39　金檩底部粘贴第三层 CFRP 布

图 6.40　用美工刀将 CFRP 布边缘的毛须剔除　　　图 6.41　用油灰刀将凹凸处铲平

维修后：⑤—⑥轴脊檩、金檩底部和两端各粘贴一层 CFRP 布；⑥—⑦轴脊檩、金檩底部和两端各粘贴一层 CFRP 布；⑦—⑧轴脊檩底部粘贴一层 CFRP 布，其两端未包裹 CFRP 布，此开间的东侧金檩底部和两端各粘贴一层 CFRP 布，此开间的西侧金檩底部粘贴三层 CFRP 布，两端各包裹两层 CFRP 布；⑥轴五架梁底部粘贴两层 CFRP 布，两端各包裹一层 CFRP 布；⑦轴五架梁底部和两端各粘贴一层 CFRP 布；⑥轴、⑦轴三架梁底部各粘贴一层 CFRP 布，两端未包裹 CFRP 布，如图 6.42~图 6.47 所示。

图 6.42   ⑤—⑥轴檩条   图 6.43   ⑥—⑦轴檩条   图 6.44   ⑦—⑧轴檩条

图 6.45   ⑥轴三架梁与   图 6.46   ⑦轴三架梁   图 6.47   ⑦轴五架梁
          五架梁

4)对于一层③/A 轴处的柱脚

维修前：地下水位较高、墙体潮湿、通风不良等原因，造成该柱包入墙中的柱脚部分腐朽严重，如图 6.48、图 6.49 所示，因此需对其进行墩接修缮。

维修中：具体操作如下。

(1)挖开③/A 轴柱的周边墙体。

(2)用钢管在搁栅下方搭脚手架，在③/A 轴柱旁增加扶柱，用千斤顶给该柱打牮拨正，以便抬高柱脚，如图 6.50~图 6.52 所示。

图 6.48　腐朽的柱脚

图 6.49　挖开③/A 轴柱的周边墙体

图 6.50　千斤顶将柱
顶起

图 6.51　钢管支撑
搁栅

图 6.52　柱脚顶起

（3）用锯子锯掉腐朽的柱脚，锯掉的柱脚高度为 33.5cm，如图 6.53、图 6.54 所示。

图 6.53　用锯子锯掉腐朽的柱脚

图 6.54　锯掉的柱脚高度为 33.5cm

(4)对该柱采用刻半墩接的方法进行墩接。首先在原柱中间悬挂铅垂线并标出柱中轴线，再用水平尺测量并标出水平切割线，沿着标记好的中轴线和水平切割线位置，用锯刀、凿子刻去直径的 1/2 作为搭接部分，在原柱料的上部接口处做卯口，下部接口处做榫头，如图 6.55～图 6.57 所示。

图 6.55　标出水平切割线　　　图 6.56　在原柱做卯口　　　图 6.57　原柱的榫头与卯口

(5)在用于墩接的杉木质的新柱脚表面画盘头线，沿着该线将多余木料锯除，将新柱脚尺寸调整至与原柱料吻合的尺寸，如图 6.58～图 6.60 所示。

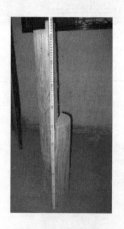  

图 6.58　新柱脚　　　　　　图 6.59　画盘头线　　　　　图 6.60　多余木料锯除

(6)在新柱脚与原柱料的搭接处分别涂上结构胶以使合抱的两面严实吻合，将新柱脚与原柱料进行墩接，如图 6.61～图 6.63 所示。

(7)用千斤顶将柱子向上顶起至一定位置，将鼓磴推至柱脚底部的合适位置。给新柱脚与原柱料上下两个接口处的柱面涂上结构胶，将长度为 70cm、宽度为

20cm 的 CFRP 布包裹在涂有结构胶处的柱子表面，用以加固。在柱子靠墙表面涂上水柏油用于防腐，并用灰浆和原墙体中拆除的青砖将该柱周围的墙体重新砌筑，如图 6.64～图 6.66 所示。

图 6.61　新柱脚的搭接处
涂胶

图 6.62　原柱料的搭接处
涂胶

图 6.63　墩接后的柱脚

图 6.64　将鼓磴推至柱
脚底部

图 6.65　墩接处包裹
CFRP 布

图 6.66　恢复该柱周围的墙体

维修后：墩接好的③/A 轴柱子如图 6.67 所示。

图 6.67　墩接好的③/A 轴柱子

5) 对于屋面⑨轴川、B 轴檐檩、⑨/B 轴处的柱子

维修前：屋顶漏雨、墙体潮湿发霉，致使⑨/B 轴处的柱头部分腐朽严重，同时该柱与⑨轴川及川夹底、B 轴檐檩交接处的节点由于长期淋雨，致使该交接部分完全腐朽，如图 6.68、图 6.69 所示，因此，需对该节点处构架进行墩接，按原榫卯样式制作节点。

图 6.68　⑨/B 轴柱头腐朽严重　　　　　　图 6.69　柱、川及檐檩交接处腐朽

维修中：具体操作如下。

(1)⑨轴川的墩接

① 对该川采用刻半墩接的方法进行墩接。在原川表面用木工铅笔做好水平切割线和圆弧切割线标记，沿着该标记将其腐朽部分锯掉，并将川夹底的腐朽部分锯掉。在旧木料的一端接口处做卯口，另一端接口处做榫头，如图 6.70～图 6.72 所示。

图 6.70　将原川的腐朽部分　　图 6.71　锯下的腐朽部分　　图 6.72　做好的榫头与卯口
　　　　　锯掉

② 在用于墩接的杉木质的新木料一端截面画上迎头十字中线，并把迎头十字中线弹在木料长身上以形成中轴线，并在新木料表面画盘头线，沿着该线将多余木料锯除，同时在新木料的一端截面上画圆弧切割线，按照做好的切割线标记，

用电刨将新木料表面多余的木料刨去,不断调整该木料的尺寸直至与旧木料吻合,最终调整好的新木料的长度为 90.2cm,截面直径为 17.2cm。在新木料的底面砍刨出一个平面(即金盘)以便使其下方叠置的川夹底稳定,并在新木料与旧木料的搭接处分别涂上结构胶以使合抱的两面严实吻合,将调整好尺寸的新木料与旧木料进行墩接,如图 6.73～图 6.75 所示。

　图 6.73　画盘头线　　　　图 6.74　沿盘头线锯除　　　图 6.75　用于墩接的新木料

③ 将用于制作川夹底的新木料(杉木质)调整至合适尺寸,在新木料的两端迎头画好中线,并将中线弹在木料长身的上下两面。以木料中线为准,居中画出榫头的宽度,在木料上画榫长线。在木料表面围画断肩线。将新木料翻转使底面朝上,画出底面榫头,如图 6.76 所示。

图 6.76　将新木料上的多余木料锯除

④沿画好的榫长线做榫头,沿画好的断肩线断肩。

(2)B 轴檐檩的墩接

①对该檐檩采用刻半墩接的方法进行墩接。将旧木料的腐朽部分锯掉,在旧木料表面用木工铅笔做好水平切割线和圆弧切割线标记,沿着该标记锯去直径的1/2 作为搭接部分。在旧木料的一端接口处剔凿卯口,另一端接口处做榫头,并用手推刨将旧木料的搭接处刨平,如图 6.77～图 6.79 所示。

图 6.77　锯下的腐朽部分

图 6.78　剔凿卯口

图 6.79　做好的卯口与榫头

　　② 在用于墩接的杉木质的新木料一端截面画上迎头十字中线，并把迎头十字中线弹在木料长身上以形成中轴线。用电刨将新木料表面的多余木料刨除使其与旧木料粗细一致。在新木料表面画盘头线，沿着该线将多余木料锯除，最终调整好的新木料的长度为 92cm，截面直径为 15cm，用手推刨将新木料的搭接处刨平，如图 6.80～图 6.82 所示。

图 6.80　画盘头线

图 6.81　沿盘头线锯除

图 6.82　用于墩接的新木料

　　③ 在新木料表面围画圆弧线，以中轴线和圆弧线的交点为圆心，在木料的上下两面画圆形切割线，沿圆形切割线剔除多余木料，在新木料上留胆，并在新木料与旧木料的搭接处分别涂上结构胶以使合抱的两面严实吻合，将留胆后的新木料与旧木料进行墩接，如图 6.83～图 6.85 所示。

图 6.83　画圆弧线

图 6.84　在新木料上留胆

图 6.85　留好的胆

(3) 对于⑨/B 轴处的柱子

① 对该柱采用刻半墩接的方法进行墩接。用锯子锯掉腐朽的柱头，沿着原柱直径位置，用锯子锯去直径的 1/2 作为搭接部分，在原柱料的上部接口处做榫头，下部接口处做卯口。

② 在用于墩接的杉木质的新柱料一端截面画上迎头十字中线，并把迎头十字中线弹在柱料长身上以形成中轴线。将新柱料调整至合适高度，最终调整好的新柱料高度为 138cm。

③ 分别用锉刀将需要墩接的原柱料搭接处和用来墩接的新柱料搭接处锉平。

④ 在新柱料的柱头处画卯口线，沿面宽和进深方向开十字卯口。用锉刀将卯口处锉平，并将新柱料表面的多余木料刨除使其与原柱料粗细一致。在新柱料与原柱料的搭接处分别涂上结构胶以使合抱的两面严实吻合，将刻好十字卯口的新柱料与原柱料进行墩接，如图 6.86～图 6.88 所示。

图 6.86　沿卯口线锯出卯口　　　图 6.87　卯口处锉平　　　图 6.88　柱墩接

⑤ 给新柱料与原柱料上下两个接口处的柱面涂上结构胶，将长度为 60cm、宽度为 20cm 的 CFRP 布包裹在涂有结构胶处的柱子表面，用以加固，并在墩接后的柱子靠墙侧涂上水柏油用于防腐，如图 6.89、图 6.90 所示。

图 6.89　接口处包裹 CFRP 布　　　　　图 6.90　涂水柏油

维修后：修缮后的⑨轴川、B 轴檐檩、⑨/B 轴柱分别如图 6.91～图 6.93 所示。

图 6.91　墩接好的⑨轴川

图 6.92　墩接好的 B 轴檐檩

图 6.93　墩接好的⑨
/B 轴柱

6.2.6　木构件的 CFRP 加固方案计算

以⑥轴大梁为例，采用第 3 章与第 4 章中数值模拟的建模思路，利用 ANSYS 有限元软件对 CFRP 加固木结构构件进行计算分析，采用 Solid95 单元对大梁进行模拟，采用 Shell181 单元对 CFRP 布进行模拟，CFRP 布采用 Mises 屈服准则，木材则采用广义 Hill 屈服准则，木材及 CFRP 布参数按第 2 章建议值选取，计算模型及计算结果如图 6.94 与表 6.1 所示。

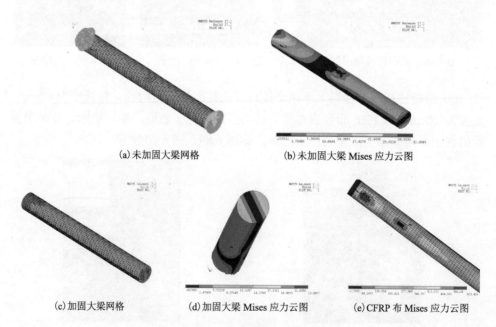

(a) 未加固大梁网格　　　　(b) 未加固大梁 Mises 应力云图

(c) 加固大梁网格　　　(d) 加固大梁 Mises 应力云图　　　(e) CFRP 布 Mises 应力云图

图 6.94　⑥轴加固大梁的 ANSYS 计算结果

表 6.1 ⑥轴加固大梁复核结果

计算内容	有限元计算/kN	提高幅度/%
加固前极限荷载	59.648	—
加固后极限荷载	78.288	31.25

计算结果表明，按本次设计修缮方案加固后的大梁，极限荷载值提高 31.25%，CFRP 布平均应力远未达到破坏应力，加固后大梁应力值明显减小，且未达到极限应力，满足承载力要求。

6.3 案例 2：全国重点文物保护单位——汇文书院钟楼加固修缮

6.3.1 概况

汇文书院钟楼是第六批全国重点文物保护单位金陵大学旧址的一个组成部分，坐落在南京市中山路 169 号金陵中学校园内，建筑面积 921m²。汇文书院钟楼建于 1888 年，属于美国基督教创办的汇文书院。汇文书院后更名金陵大学附属中学，简称金陵中学。1951 年改名南京十中，1988 年恢复原名金陵中学。现为江苏省重点中学、模范学校、国家级示范高中，占地 5 万 m²。汇文书院钟楼属于美国殖民期的建筑风格。汇文书院钟楼原为五层，重建时改为四层并保留至今。钟楼整体对称，平面为长方形，东西稍长，为南北向的短内廊式建筑布局。南北均有入口和门廊，并有高台阶上下。北面中部有木楼梯。建筑物主体共三层，第三层阁楼部分设老虎窗。四层悬挂铜钟。在主楼的东西两间房设有壁炉和烟囱。汇文书院钟楼自建成至今，所隶属的学校发生过较多变化，1951 年之前曾作为汇文书院、私立金陵大学附属中学，1951 年后作为南京市第十中学，1988 年恢复金陵中学校名。

汇文书院钟楼是基督教在南京建造的学校建筑中现存的最早实例。在西学东渐和教会办学的历史环境中，它经历了汇文书院的创立发展和金陵大学、金陵中学的诞生成长，是研究南京早期教会学校的实物载体。以汇文书院钟楼为标志的校园，自创办之始的汇文书院至现在的金陵中学校园，在至今 120 余年的时间内，凝聚了一系列出色师资力量，培养了大量对国家乃至世界做出极大贡献的人才。它已成为瞻仰过去、缅怀先贤的精神形象。汇文书院钟楼积淀了多个历史时期的历史信息，提供了金陵大学建筑中西合璧的发展历程的见证，记录了南京地区 19 世纪以来的砖混建筑的建筑技术与构造做法。

  金陵中学钟楼使用至今已有 120 余年，远超出现行国家设计规范的合理使用年限。期间虽经过多次修缮，但原始设计资料和修缮资料均已缺失。为了解钟楼建筑目前的真实结构状态，给加固修缮设计提供科学依据，对其进行了详细的检测鉴定。图 6.95 为其原貌图，图 6.96 为建筑图。

(a) 西侧外观   (b) 东南侧外观

图 6.95   钟楼原貌图

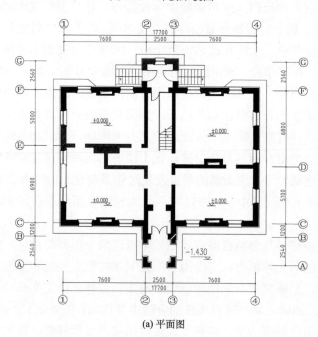

(a) 平面图

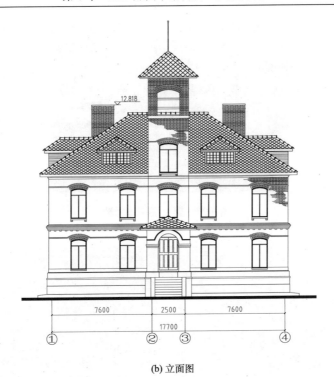

(b) 立面图

图 6.96　钟楼建筑图

图中除标高单位为 m 外，其余尺寸单位均为 mm

6.3.2　主要的残损状况及原因分析

1917 年 9 月屋顶失火烧毁，仍由美国教会拨款重建，将主体改为二层，原三层部分改为阁楼。设有老虎窗，并将原两折式屋顶改为四坡屋顶。钟楼部分原为五层，后改为现今的四层。汇文书院钟楼自建成至今几经修葺，所幸的是该建筑一直处于使用状态，因而保持着基本维护。同时，在长期的使用过程中，由于使用功能的变更，对建筑本体有局部改动。

根据现场勘踏，该建筑显见的主要残损如下。

(1) 架空层。架空层内部潮湿，墙体底部长期受潮，如图 6.97 所示。

(2) 楼面。一、二层楼面从下到上依次是间距约 400mm 的木搁栅、截面尺寸约为 10mm×30mm 的条板、复合地板，三层楼面无复合地板，仅在木搁栅上铺设条板，木地板损坏较为严重，如图 6.98、图 6.99 所示。

图 6.97　架空层墙体受潮

图 6.98　木搁栅之间的剪刀撑

图 6.99　楼面木搁栅

（3）墙体。该建筑墙体主要为青砖和石灰砂浆砌筑，局部采用红砖，内墙为白灰粉面，外墙为清水砖墙，墙体中部有砖砌线脚，一层自窗台向下做水泥砂浆表面的勒脚，清水砖墙勾缝为凹缝。局部砖块风化较为严重，部分窗洞角部出现斜裂缝，如图 6.100 所示。

（4）屋面。屋面基层上铺设截面 80mm×40mm 间距约 270mm 的挂瓦条，上铺 300mm×300mm×20mm 的方形水泥板瓦。屋脊用水泥筒瓦。水泥瓦的吸水和渗水，造成瓦内外表面水印痕迹明显，西北坡向的瓦面多有青苔。老虎窗侧墙与坡屋面交界处用白铁皮刷漆做批水，少量采用彩钢板遮挡，老虎窗侧墙有水印痕迹，烟囱与屋面交界处用白铁皮刷漆做批水。主体木屋架总体尚好，构件大部分没有明显的表层腐朽或开裂现象，但有少数构件存在腐朽或开裂现象。在钟楼位置挂瓦条直接铺设在屋架，类似冷摊瓦做法，由于水泥板瓦的透水和屋架暴露在室外空气中，钟楼下屋架受潮受损情况较严重，如图 6.101 所示。

图 6.100　外墙受潮风化

图 6.101　屋架腐朽

此外，该建筑在长期的外部环境及使用条件下，结构材料每时每刻都受到外部介质的侵蚀，引起材料状况和结构性能的恶化，为此，对该建筑进行了详细的检测鉴定，从而得出该建筑隐在的残损病害如下：

(1) 该建筑的安全性等级为 C_{su}，影响整体承载，应在保护文物前提下采取加固措施。

(2) 影响该建筑结构安全性的主要因素包括墙体的承载力和房屋的抗震构造要求。该建筑墙体材料为黏土青砖和石灰砂浆。根据现场检测，该建筑砂浆抗压强度仅有 0.9MPa，通过计算分析，该建筑部分墙段受压承载力和抗震承载力不满足设计要求。此外，由于该建筑建造年代久远，当时未考虑任何抗震构造措施。

(3) 该建筑的砖砌大放脚基础较弱，整体性较差。

(4) 根据计算结果，对于跨度大于等于 6.8m 的木搁栅需要进行加固处理，腐朽严重的木构件需要进行更换。

(5) 该建筑的三层和四层钟楼部分，由于层间刚度发生突变，在地震时容易因鞭梢效应导致严重破坏，因此，三层和四层钟楼部分也需要进行加固处理。

6.3.3　加固修缮设计的原则

由于该建筑为全国重点文物保护单位，它的加固修缮必须遵守以下四点原则。

1) 依法保护的原则

本设计修缮工程施工及日常管理都是根据文物法对保护文物的要求进行的，保护好钟楼是法律赋予的要求。

2) 真实性的原则

保持现状，局部恢复原状时严格考证，有据可依，尽可能根据历史资料及各种相关的遗存、遗物复原。坚持原材料、原尺寸、原工艺原则。

3) 完整性的原则

此次加固修缮不增加、不删减任何文物本体的组成部分，最大限度地保存文物的原存部分。

4) 安全与有效的原则

安全性是修缮工程必须考虑的问题，金陵中学钟楼建筑作为校史陈列馆，将有大量且频繁的人员往来，因此，必须考虑参观人员的安全，通过修缮维持该建筑的结构可靠性也是本次修缮的基本目标。

6.3.4　加固修缮设计

1) 基础加固

根据检测鉴定结论，需要对基础的整体性进行加固。因此，采用在原先的砖砌大放脚基础两侧新增钢圈梁，一方面大大提高基础的整体性能，另一方面也作为墙体加固的生根部位。图 6.102 和图 6.103 分别为基础加固图和现场施工图。

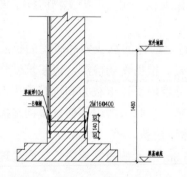

图 6.102　基础加固图(单位：mm)　　　　　图 6.103　现场施工图

2) 墙体加固

部分墙体的承载力及建筑整体的抗震性能较弱，因此，对建筑墙体进行承载力和整体性加固。对于外墙，采用在墙体内侧新增 40mm 厚钢筋网聚合物砂浆面层进行加固，不破坏外立面的风貌；而对于内墙，则采用在墙体两侧新增 40mm 厚钢筋网聚合物砂浆面层进行加固。通过这种方法加固，一方面提高了墙体的承载能力、整体性和抗震性能，满足现行规范的承载力要求；另一方面，最大限度地减少加固对建筑空间的影响。图 6.104 和图 6.105 分别为墙体加固图和现场施工图。

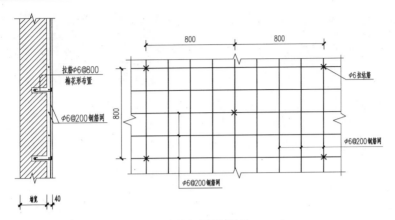

图 6.104　墙体加固图(单位：mm)

图 6.105　墙体加固现场施工图

3) 木楼面加固

修缮后的建筑除顶层将作为办公功能使用外，其余楼层均作为校史展览功能使用，根据计算结果，楼面部分搁栅需要加固。对于第一层地面跨度大于等于 6.8m 的木搁栅，采用在跨中垂直木搁栅方向增设地垄墙的方法进行加固；对第二层地面跨度大于等于 6.8m 的木搁栅，采用在跨中垂直木搁栅方向增设钢梁的方法进行加固，如图 6.106 所示；对第三层地面木搁栅采用在梁底沿跨度方向通长粘贴 CFRP 布方法进行加固，如图 6.107 所示。此外，考虑到木搁栅端部长年埋在墙内，易腐朽损坏，因此，在木搁栅端部增设角钢支座以提高其搁置长度，确保结构安全性，图 6.108 为角钢支座加固现场施工图。

图 6.106　楼面搁栅加固

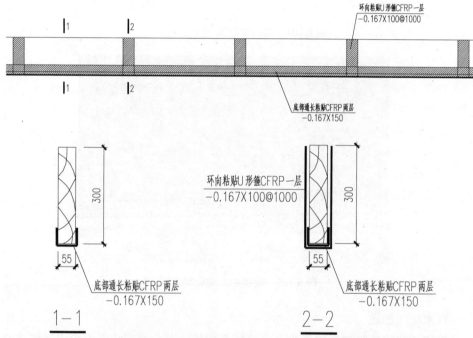

1—1　　　　　　　　　　　　　　2—2

图 6.107　木搁栅梁底通长粘贴 CFRP 布(单位：mm)

图 6.108　角钢支座加固现场施工图

4）木屋架的加固

该建筑木屋架构件大部分存在不同程度的干缩开裂现象，且构件连接处大多也有不同程度的拔榫现象，因此，需要对屋架构件及节点进行加固修缮，以提高其耐久性和整体性。对屋架构件采用环向粘贴 CFRP 布方法进行耐久性加固；对屋架节点采用粘贴 CFRP 布方法进行整体性加固。图 6.109 为木屋架加固修缮现场施工图。

图 6.109　木屋架加固修缮现场施工图

5）钟楼的加固

位于建筑的南侧，三层和四层钟楼部分高出主体建筑较多，在地震时容易产生鞭梢效应，因此，需要对其进行抗震加固。三层和四层钟楼内外墙均为清水砖墙，因此采用在墙体内侧增设角钢构造柱和圈梁的方法进行抗震加固，通过这种方法加固，一方面提高了该部分钟楼墙体的整体性和抗震性能，削弱了鞭梢效应；另一方面，不会影响钟楼部分外立面的原有风貌。图 6.110 和图 6.111分别为钟楼加固图和现场施工图。

6）木楼梯的加固

该建筑的原木楼梯在使用时挠度变形较大、舒适度较差，因此，采用外包钢板的方法对木梯梁进行承载力和刚度的加固，以提高其舒适度。图 6.112 和图 6.113分别为梯梁加固图和现场施工图。

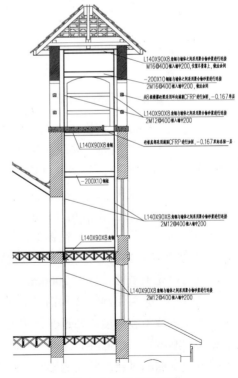

图 6.110　钟楼加固图

图 6.111　钟楼现场施工图

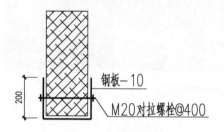

图 6.112　梯梁加固图(单位:mm)

图 6.113　梯梁加固现场施工图

6.3.5　FRP 加固修复木结构施工

1)跨度≥6.8m 木搁栅

①一层木搁栅加固:采取在架空层木搁栅跨中垂直方向增设地垄墙加固(架空层净高度为 1.75m),如图 6.114 所示。②二层木搁栅加固:因一层层高较大,净高度为 3.63m,采取木搁栅跨中垂直方向增设钢梁加固(H 型钢规格:HM300×200×8×12),如图 6.115 所示。③三层木搁栅加固:因二层层高较小,净高度为 2.96m,不适合 H 型钢钢梁加固,而采用粘贴 CFRP 布加固,梁底通长粘贴:-150×0.167×2T,U 形箍-100×0.167@1000,如图 6.116 所示。④二层、三层木搁栅内填充玻璃棉,厚度 200mm,起到隔音阻燃作用,如图 6.117 所示。

通过①、②采用地垄墙和钢梁加固的方法,减少了木搁栅原有跨度,增强了木搁栅的承载力和刚度。通过③采用的 CFRP 布加固方法,一是提高了木搁栅的承载力和刚度;二是 CFRP 布与木构件的相融性好,重量轻,方便施工;三是最大限度减少加固对建筑空间的影响。总之,以上四种加固修缮方法,既满足了木楼面的荷载要求,又提高了木楼面的舒适度,还起到了木楼面的隔音阻燃效果。

图 6.114　钟楼木搁栅跨中地垄墙加固

图 6.115　钟楼木搁栅跨中钢梁加固

图 6.116　钟楼木搁栅 CFRP 布加固

图 6.117　钟楼木搁栅内填充玻璃棉

2) 木屋盖

针对木构件干缩裂缝，采取 CFRP 布 U 型箍缠绕黏牢，CFRP 布设计为 $-100\times0.167@400$，进行耐久性修缮。针对梁枋、檩、柱、椽条榫卯节点的加固修缮，采用粘贴 CFRP 布加固，增强木屋盖的整体性。木屋架加固如图 6.118 所示，主斜梁与椽条加固如图 6.119 所示，平梁与斜梁节点加固如图 6.120 所示，老虎窗木构架加固如图 6.121 所示。

图 6.118　钟楼木屋架加固

图 6.119　钟楼主斜梁与椽条加固

图 6.120　钟楼平梁与斜梁节点加固

图 6.121　钟楼老虎窗木构架加固

3) 木构件 CFRP 布加固施工工艺

木构件表面处理如下。①清理表面：吹净表面浮灰，清除油污、杂质，取出原吊顶铁钉。②剔除贴补：剔除初腐部分，按照《古建筑木结构维修与加固技术规范》要求，可采用贴补的方法进行修复。贴补前，应将腐朽部分剔除干净，经防腐处理后，再用铁箍或螺栓紧固。③干缩裂缝修补：根据《古建筑木结构维修与加固技术规范》要求处理。④榫头拨正节点加固：对梁枋、檩、柱脱榫的节点维修加固，使倾斜、扭转、拔榫的木构件复位，并将榫头和原木构件用耐水性胶黏剂黏牢，并用螺栓紧固。⑤木构件表面打磨：按照加固图纸将需加固的木构件弹墨线，选用中粗砂纸打磨，直至露出木材新面。

防腐防虫药剂：在对钟楼所有木结构加固修缮之前，都进行了不同方法的防腐防虫药剂处理。

涂刷底胶：涂刷底胶前用丙酮擦净木构件表面，用滚筒或毛刷把配比好的底胶均匀涂刷在木构件表面(大概用量为 0.3kg/m² 左右)，鉴于木材材质密度高，胶水吸收慢，吸收时间要比混凝土稍长一些，这就是木结构与混凝土结构粘贴 CFRP 布的区别所在。

涂刷浸渍胶：当底胶指触感干燥后，涂刷浸渍胶。如果在室外温度超过 30℃ 以上时，加上阳光照射，木构件自身所含水分会迅速蒸发，含水率降低，导致木构件的细小干缩裂纹增多，这样吸收胶水量就会增加，就必须涂刷两遍浸渍胶（大概用量为 $0.8kg/m^2$ 左右）。

粘贴 CFRP 布：本工程 CFRP 布加固采用 $300g/m^2$，厚度 0.167mm。贴上 CFRP 布后，并用滚筒沿 CFRP 方向多次滚压，使浸渍胶充分浸透 CFRP 布。当第一层粘贴完成后，待手指触感干燥后，可进行第二层粘贴，然后粘贴 CFRP 布 U 形箍带。最后在 CFRP 布表面撒上一些石英砂，为下道施工工序做准备。

检验：检验粘贴部位密实度，对局部不密实处进行修补。

涂刷优质桐油：在所有木构件加固后，在其表面涂刷优质桐油，起到隔潮、防腐、防虫作用。

6.3.6　木构件的 CFRP 加固方案计算

以第三层楼面木搁栅为例，采用第 3 章与第 4 章中数值模拟的建模思路，采用 ANSYS 有限元软件建模对 CFRP 加固第三层木搁栅进行计算分析，采用 Solid95 单元对大梁进行模拟，采用 Shell181 单元对 CFRP 布进行模拟，CFRP 布采用 Mises 屈服准则，木材则采用广义 Hill 屈服准则，木材及 CFRP 布的参数按第 2 章建议值选取，计算模型及计算结果如图 6.122 与表 6.2 所示。

表 6.2　第三层楼面木搁栅复核结果

计算内容	有限元计算受弯承载力/(kN•m)	理论计算受弯承载力/(kN•m)	有限元与理论计算误差/%	提高幅度（理论计算）/%
加固前	28.66	27.33	4.64	—
加固后	35.30	32.01	9.32	17.12

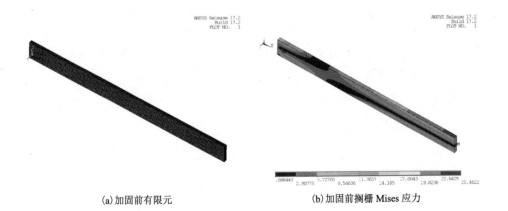

(a) 加固前有限元　　　　　　　　　　(b) 加固前搁栅 Mises 应力

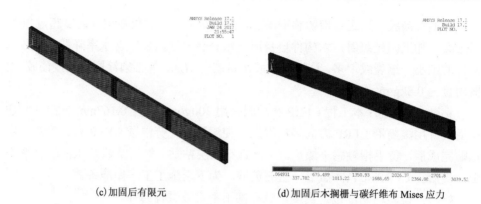

(c) 加固后有限元　　　　　　　　　(d) 加固后木搁栅与碳纤维布 Mises 应力

图 6.122　　第三层楼面木搁栅复核结果

计算结果表明，加固前有限元与理论计算结果较为接近，而加固后有限元计算结果偏大，这是由于有限元计算中考虑了环向张贴 U 形箍的影响，因此可以认为本次有限元计算结果更贴近实际。按本次设计修缮方案加固后的大梁，极限承载力值提高 17.12%，CFRP 布平均应力仅在黏合处接近破坏应力，而主要受力区应力未达到极限应力，满足承载力要求。

6.4　本章小结

FRP 材料具有轻质、高强、耐腐蚀、易裁剪、施工性好、节省人工等优点，近些年来已开始越来越多地被用到木结构建筑的加固修缮项目中，取得了非常好的效果。本章通过世界文化遗产——留园曲溪楼加固修缮和全国重点文物保护单位——汇文书院钟楼加固修缮这两个案例研究，详细介绍了 FRP 加固木结构的相关技术。用 FRP 加固修复木结构不仅可以提高承载力、刚度和延性，满足结构承载的安全要求，同时对木结构建筑的外观影响和干预较小，满足不改变历史风貌的相关要求。留园曲溪楼于 2010 年完成修缮，一直使用至今，状态良好，获得了很好的社会反响；而汇文书院钟楼于 2012 年完成加固修缮，一直使用至今，状态同样良好，也获得了非常好的社会反响，这两个案例反映了 FRP 加固木结构技术应用的成效和优越性。

第7章 结语与展望

7.1 结 语

本书在认识与了解国内外 FRP 材料加固木结构构件受力性能研究现状的基础上，结合自身的试验研究和理论分析，对外贴 CFRP 布加固木梁和木柱、外贴碳-芳 HFRP 布加固木梁和木柱、内嵌 CFRP 板(筋)材加固木梁和木柱的受力性能进行了系统的研究，并对 FRP 加固木结构的施工工艺和典型案例进行了研究，得出了如下一些重要结论：

(1)粘贴 CFRP 布加固木梁的受弯承载力和初始弯曲刚度均明显提高，加固木梁跨中截面应变随荷载增加仍基本符合平截面假定。

(2)粘贴 CFRP 布加固木梁的受弯承载力理论计算偏差为-14.2%～19.8%，且计算所得的破坏模式与实际破坏模式相同，考虑到木材本身的缺陷和材性离散，计算精度可满足工程精度要求。数值模拟结果与试验结果偏差为-13.9%～18.6%，表明书中建立的有限元模型、参数设置和破坏准则选取可行。

(3)粘贴 CFRP 布加固木柱的轴压承载力和延性系数均有明显提高，且轴压承载力随着 CFRP 布层数的增加而增加。开裂木柱粘贴 CFRP 布加固后，整个截面受力趋于均匀，破坏形态由偏压破坏转变为轴压破坏，极限承载力及延性系数均较未加固开裂试件有明显提高。

(4)粘贴 CFRP 布加固可有效约束裂缝开展、限制木材缺陷和防止木材局部破坏，因而粘贴 CFRP 布加固后可适当放松对木构件材质等级的限制，从而提高木材出材率、节省林业资源。

(5)和未加固试件相比，木梁经碳-芳 HFRP 布粘贴加固后，其受弯承载力有了一定的提高，受弯承载力提高幅度在 18.1%～62.0%(松木)和 7.7%～29.7%(杉木)；碳-芳 HFRP 布受弯加固木梁试件的刚度提高幅度在 13%～21%(松木)和 6%～10%(杉木)。

(6)和未加固试件相比，木梁经碳-芳 HFRP 布粘贴加固后，其受剪承载力有了明显的提高，提高幅度在 6.7%～109.2%(松木)和 12.4%～104.1%(杉木)。粘贴两层碳-芳 HFRP 布的试件加固效果相对较显著。

(7)相较未加固木柱试件，木柱经碳-芳 HFRP 布环向粘贴加固后，其轴心抗压强度和峰值压应变有了明显的提高，轴心抗压强度提高幅度在 7.3%～16.8%(松木)和 5.0%～16.9%(杉木)； 峰值压应变提高幅度在 8.9%～60.2%(松木)和 11.5%～56.8%(杉木)。

(8)通过定量计算常见初始裂缝下的木梁受弯承载力，得出预设初始裂纹存在情况下，木梁极限受弯承载力会分别变为原来的 22.9%～98.13%，并对刚度有一定程度的削弱作用，因此，在木梁使用前，应先对木梁裂缝进行修补。

(9)在工程设计和施工时，尽量避免将节疤、斜理纹等缺陷放置在木梁的受拉边。端部 U 形箍等锚固措施至关重要，能保证混杂纤维布与木梁协同工作，使混杂纤维布充分发挥作用。

(10)木梁受剪破坏容易发生在截面中性轴位置；且裂缝的不同位置将导致不同程度的承载力削减，越是受力薄弱区域越应避免存在裂缝。因此，在工程设计和施工时，尽量避免将节疤、斜理纹等缺陷放置在木梁的中性轴位置。

(11)未加固试验构件均为木梁底部跨中位置木纤维拉断这样的受弯破坏；采用内嵌 CFRP 板(筋)加固的木梁主要的破坏方式有两种，主要为木梁底部跨中位置木纤维拉断的受弯破坏，少量的试件在截面 1/3～1/2 高度处沿木梁长度方向出现纵向剪切破坏的现象，这与杉木木纤维间相互作用有关。

(12)采用内嵌 CFRP 板材和 CFRP 筋材加固的杉木梁受弯极限承载力提高了 2.2%～34.8%；采用内嵌 CFRP 板材和 CFRP 筋材加固的松木梁受弯极限承载力提高了 7.8%～30.7%；通过对比可以看出采用板材加固的效果较筋材的加固效果好，同时内嵌 CFRP 板(筋)材加固杉木梁的效果要比加固松木梁的效果好。

(13)从荷载-挠度曲线来看，内嵌 CFRP 板(筋)材加固后的木梁其弹性阶段的刚度和塑性阶段的延性都得到了一定的提高，说明加固后的木梁能够很好地弥补原有的一些缺陷，更好地承受荷载作用；对比不同树种试件可以看出，加固后的杉木梁其弹性阶段提高较松木梁明显；对比不同加固方式下的结果表明，加固方式对试件弹性阶段的刚度影响不是很明显。

(14)从木柱的破坏形式可以看出：木柱的轴心受压试验破坏均是以木纤维压溃、错位从而致使木柱失去承载能力；采用内嵌 CFRP 板(筋)材加固的试件在木纤维压溃之前都出现不同程度加固材料与木柱剥离的情况，采用 CFRP 筋材加固的试件其剥离现象较 CFRP 板材加固试件的情况更加明显。

(15)对于未加固的试件，松木柱的轴心受压性能比杉木柱的轴心受压性能好；采用内嵌 CFRP 板(筋)材加固的试件，其轴心受压承载能力较未加固试件得到了一定的提高(杉木提高了 19.3%～60.9%，松木提高了 2.2%～22.9%)，杉木试件提高效果较松木试件明显；相同树种、相同加固材料、相同加固量的情况下，不同加固方式对承载力影响较小；同时试验结果也表明无论对于杉木还是松木随着加固材料量的增加其极限轴心受压承载得到提高。

(16) 从荷载-应变曲线上可以看出,对于未加固试件,松木柱的弹性阶段刚度较杉木柱要好,但是较杉木而言,松木柱没有明显的塑性变形;加固材料很好地弥补了木柱原有的一些缺陷,加固后杉木试件的刚度得到一定程度的提高,加固后的松木试件其延性得到一定程度的提高;树种的不同对加固后刚度延性影响不大;CFRP 板材加固时,不同加固方式对试件弹性阶段的刚度会产生一定程度的影响,但 CFRP 筋材加固则不存在这样的问题,两种情况下弹性阶段的刚度基本相同。

7.2　展　　望

由于认知和水平的有限,本书在研究过程中难免存在诸多不足之处,今后将会进一步完善,在此,提出如下一些关于 FRP 加固木结构受力性能研究的展望:

(1) 进行结构木材的材性试验研究,系统全面地研究木材的本构模型;

(2) 进一步研发适用于不同木材的 FRP 材料和配套结构胶;

(3) 增加试验数量,验证试件是否会发生受压延性破坏,同时验证该理论模型的正确性;

(4) 增加试验数量,进一步研究类似于"少筋"、"适筋"和"超筋"时的木构件极限承载力计算模型;

(5) 在考虑 FRP 材料的受压性能时需要进行 FRP 材料的受压试验研究,得出其受压的应力-应变关系;

(6) 进一步研究 FRP 加固木结构构件在长期荷载作用和疲劳荷载作用下的受力性能;

(7) 进一步研究更优的可用来模拟木材、FRP 材料的有限元单元。

后　记

我国现有大量的木结构古建筑和现代仿古木结构建筑，这些木结构建筑在使用过程中由于自然、材料、物理、化学、生物、人为等因素往往会导致木结构构件的承载力不足或刚度不足，迫切需要采取科学合理的加固修缮技术对其进行保护和修复。近年来，木结构加固技术是国内外学者研究的热门课题之一，传统的木结构加固方法如加钉法、加铁箍法、附加梁板法、附加断面法等容易使木结构建筑改变风貌，而且稍有不慎容易导致木结构构件新的破坏。而 FRP 材料具有高比强度、良好的耐腐蚀性和优越的施工操作性，特别适用于木结构建筑的加固修缮。本书基于试验研究和理论分析，提出了 FRP 加固木结构构件受力性能的计算方法和施工工艺，并成功应用于多个重要木结构建筑的保护项目中，初步形成一套适用于我国木结构古建筑和现代仿古木结构建筑的 FRP 加固技术和方法。

感谢东南大学王建国教授、朱光亚教授、张十庆教授、陈薇教授和南方科技大学陈建飞教授给予的指导。

感谢书中案例的项目合作者为这些重要木结构建筑保护工程的顺利完成所付出的辛苦和贡献。

感谢张承文博士为本书的校对和排版工作所付出的辛苦。

感谢南京海拓复合材料有限责任公司提供的 FRP 材料的支持。

感谢家人的无私奉献和支持。

感谢科学出版社的大力支持。

感谢国家自然科学基金和上海市科学技术委员会的大力支持，本书属于国家自然科学基金项目"基于典型构架体系的江南重要木构建筑遗产的关键预警指标及监测评估技术研究"（项目批准号：51778122）、国家自然科学基金项目"江南传统木构建筑典型构架体系的榫卯构造及结构机制研究"（项目批准号：51578127）和上海市科学技术委员会应用技术开发项目"上海风貌建筑评估改造保护关键技术研究"（项目批准号：04-033）的研究成果。

最后需要指出的是，木结构的保护技术是一项复杂的研究工作，而作者无论在理论还是实践方面均涉足尚浅，因此，书中必定存在不少不足之处，敬请各位专家、学者、业界同仁和读者们批评指正。

淳　庆　许清风

2020 年 1 月